Ruthild Kropp & Carina Heberer

Unbekannte Mitbewohner

Ruthild Kropp & Carina Heberer

Unbekannte Mitbewohner

*Das Who's Who unserer tierischen
Nachbarn*

THEISS

Meinem Vater (R. K.)

Meinen Kindern sowie
Dr. Karl-Heinz Schmidt für ein halbes Jahrhundert
Höhlenbrüterforschung (C. H.)

Die Deutsche Nationalbibliothek verzeichnet diese Publikation
in der Deutschen Nationalbibliografie; detaillierte bibliografische Daten
sind im Internet über http://dnb.d-nb.de abrufbar.

Der Konrad Theiss Verlag ist ein Imprint der WBG
© 2018 by WBG (Wissenschaftliche Buchgesellschaft), Darmstadt
Die Herausgabe des Werkes wurde durch die Vereinsmitglieder der
WBG ermöglicht.

Gestaltung und Satz: Melanie Jungels, scancomp GmbH, Wiesbaden
Einbandgestaltung: Harald Braun, Berlin
Einbandabbildung: Blaumeise Blaumeise © shutterstock / Marek CECH;
Fliege: © shutterstock / irin-k; Ameisen: © shutterstock / schankz

Gedruckt auf säurefreiem und alterungsbeständigem Papier
Printed in Germany

Besuchen Sie uns im Internet: www.wbg-wissenverbindet.de

ISBN 978-3-8062-3581-4

Elektronisch sind folgende Ausgaben erhältlich:
eBook (PDF): 978-3-8062-3589-0
eBook (epub): 978-3-8062-3590-6

Inhalt

Einleitung

Man muss keine großen Reisen unternehmen, um spektakulären Tierarten zu begegnen, denn sie sind mitten unter uns: Jeden Tag begegnen wir in unseren Wohnungen, auf Balkonen, in Gärten und Parks einer Vielzahl von höchst unterschiedlichen tierischen Zimmergenossen, Untermietern und Nachbarn. Sie kreuzen unsere Wege fliegend, krabbelnd, kletternd oder kriechend. In lauen Sommernächten hält uns manche Stechmücke auf Trab und bei näherem Besehen des Mini-Dschungels auf der heimischen Fensterbank finden sich winzige Blattläuse, die es sich hier gut gehen lassen. Beim morgendlichen Kaffee blickt uns durchs Fenster eine aufgeweckte Meise an.

Oft nehmen wir die Tiere kaum wahr, weil sie ein eher verborgenes Leben führen. Andere bemerken wir zwar, aber sie beschäftigen uns nicht weiter, weil uns ihre Gegenwart ganz selbstverständlich geworden ist. Einige faszinieren uns durch ihr Aussehen, ihr Verhalten oder andere Eigenschaften. Manche stören uns, sodass wir nach Möglichkeiten suchen, das Zusammenleben oder die Nachbarschaft möglichst rasch zu beenden. Doch wie auch immer wir zu unseren tierischen Mitbewohnern stehen: Mit vielen von ihnen gibt es Berührungspunkte. Sie wohnen in unserer Nähe und führen ein ganz eigenes und faszinierendes Leben, das sich stark von dem unseren unterscheidet.

Einige von diesen Mitbewohnern kennen wir zwar beim Namen, aber sonst wissen wir nicht allzu viel über sie. Wie leben und überleben sie? Wie ernähren sie sich? Und wie halten sie es mit der Liebe? Sogar in unsere Sprache haben sie Einzug gehalten. Die Eintagsfliege oder die Made im Speck begegnen uns auch in alltäglichen Redewendungen.

Die hier versammelten 28 Porträts laden dazu ein, einige unserer Haus-, Balkon- und Gartengenossen näher kennenzulernen und allerhand Faszinierendes über ihre Lebensweise zu erfahren. Wenn wir mehr über sie und ihre Andersartigkeit wissen, kann sich ein Zusammenleben zwar nicht in allen Fällen leichter, aber vielleicht verständnisvoller gestalten. Und womöglich treffen Blattlaus, Regenwurm und Co. bei uns statt auf Ekel und Unverständnis auf Faszination und vielleicht gar Begeisterung.

Zimmergenossen

Unverdrossener Stammgast – die Fliege

Es war märchenhaft: Alle schliefen, auch die Fliegen an der Wand – aber nur bei Dornröschen. In Wirklichkeit schläft die Fliege viel zu kurz, denn ab Tagesanbruch summt sie durchs Zimmer, brummt um unsere Köpfe, landet auf der Nase und widersteht jedem unserer Versuche, sie im Halbschlaf mit einem gezielten Schlag zu eliminieren. Wenn uns die kitzelnden Fliegenfüßchen wecken, können wir nie sicher sein, wo sie vor ihrem Anflug zuletzt gelandet sind. War es die Obstschale in der Küche, der Komposthaufen im Garten oder die Hinterlassenschaft eines Hundes vorm Haus? Die vielfältigen Landeplätze der Fliegen decken aus Menschensicht das gesamte Spektrum von appetitlich bis abscheulich. Das macht unermüdliche Landeanflüge auf Marmeladenglas und Milchkännchen umso bedenklicher. Und so verwundert es nicht, dass die Fliege bereits in der Hieroglyphenschrift der Alten Ägypter für Unverschämtheit stand – auch wenn die Fliege selbst das vielleicht gar nicht so sieht.

Fühlende Füße

Es geht ihr eigentlich nicht ums Nerven, sondern um Nahrung. Um diese aus größerer Distanz anzupeilen, setzen die meist schillernd gefärbten Schmeißfliegen ihre sensiblen Geruchsorgane auf den Fühlern ein, mit denen sie die Luft nach verheißungsvollen Duftstoffen durchkämmen. Durch die winzigen Öffnungen der röhrenförmigen Borsten treten Duftstoffe ein und reizen im Innern eine Nervenzelle. Der Geruchssinn der Großen und Kleinen Stubenfliege hingegen ist um den Faktor zehn schwächer ausgebildet.

Dafür haben Fliegen im wahrsten Sinne des Wortes jede Menge Geschmack: Tapsen sie bei Patrouillen auf Esstisch oder Arbeitsplatte auf Kuchenkrümel oder Soßenkleckse, können die Tiere zum einen

mit Sensoren an den Mundwerkzeugen winzigste Mengen Zucker und Salz ausfindig machen. Zum anderen nutzen sie zum Schmecken die Füße. Mit insgesamt sechs Stück funktioniert das Ganze auch an mehreren Stellen gleichzeitig – Multitasking nach Fliegen-Manier.

Fliegen sind ziemlich haarig. Die Haare dienen je nach Lage als Geschmacks- und Bewegungsmelder. Damit sie verlässlich arbeiten können, muss die Fliege stets dafür sorgen, dass sie sauber sind. Der Putzfimmel der Fliegen ist also durchaus sinnvoll.

Deckenläufer

Kopfüber an die Decke? Kein Problem für Fliegen. Sie nähern sich dem luftigen Landeplatz in einem steilen Winkel, setzen mit den Vorderbeinen zuerst auf und bringen dann mit einem halben Purzelbaum die restlichen Beine an die Decke. Die Fliegenfüße tragen neben Krallen schwammartige Fußballen, die mit feinen Haaren übersät sind. Jedes einzelne endet in einem Haftläppchen, durch das die Fliege selbst an Glasscheiben nicht abrutscht. In der Mitte der Beine wird eine Flüssigkeit produziert, die an den Haftläppchen tröpfchenweise abgegeben wird und die Haftung noch verstärkt.

Spucken und Speien

Fliegen haben Mundwerkzeuge, die zum Lecken und Saugen geeignet sind. Bei genauerem Hinsehen kann man sie sogar mit bloßem Auge gut erkennen. Am Vorderende trägt die Fliege ein rüsselförmiges Gebilde, das einem Miniaturstaubsauger ähnelt. Diesen tupft das Tier immer wieder auf den Untergrund. Dabei wird Futter mit abgesondertem Speichel verflüssigt und dann aufgesaugt. Der Brei

Futternde Fliege

landet zunächst im Kropf. Um zur weiteren Verdauung in den Mitteldarm zu gelangen, muss die Fliege ihn ähnlich wie eine Kuh wieder
hervorwürgen. Teile davon erreichen oft das Ende des Rüssels. Daher
rühren die kleinen, hellen und undurchsichtigen Pünktchen, die sich
deutlich von den braunen Kotflecken an Fenstern und Lampenschir-
men unterscheiden.

Fliegenfracht

Wer ständig zwischen Ekelerregendem und Essbarem pendelt, kann
Krankheiten übertragen. So reisten über 400 verschiedene Erreger, wie
beispielsweise die für Typhus, Ruhr, Cholera und Milzbrand, jahrhun-
dertelang unentdeckt mit den Fliegen und brachten viel Unheil. Erst
seit Beginn des 20. Jahrhunderts ist dieser Zusammenhang bekannt.
Zum einen kleben – allen Putzeinsätzen der Fliege zum Trotz – jede
Menge ungebetener Erreger an den behaarten Beinchen und sonsti-
gen Körperhaaren sowie dem klebrigen Haftsekret an den Fliegenfü-
ßen. Zum anderen tummeln sich Krankheitserreger im Speichel. Die
erbrochene Nahrung tut ein Übriges. Zudem gilt das fliegende Volk
als Milben-Taxi. Die Wandernymphen von Milben klammern sich an
Fliegen fest und verbreiten sich so auf dem Luftweg.

Made als Medizinerin

Ursprünglich dachte man, Fliegenlarven entstünden spontan im Fleisch.
Erst seit dem 17. Jahrhundert ist klar, dass dem Gewusel der Besuch
eines Fliegenweibchens und eine Eiablage vorangehen. Das Weibchen der Großen Stubenfliege legt in seinem maximal sechs Wochen
langen Leben bis zu 1000 perlmuttfarben glänzende, längliche Eier
ab. Bei sommerlichen Temperaturen kann bereits nach acht Stunden
eine hungrige Larvenschar schlüpfen. Der Weg vom Ei bis zur fertigen
Fliege ist dann innerhalb von nur zehn Tagen abgeschlossen. Die Larven werden als Maden bezeichnet, sie haben keine Beine und tragen
am Vorderende Mundhaken, mit denen sie sich durch die nahrhafte
Umgebung futtern. In der Medizin macht man sich die äußerste Präzi-
sion der Mundwerkzeuge bestimmter Schmeißfliegenlarven zunutze.

Sie können Kollagen, den Haupteiweißbestandteil im Bindegewebe, verdauen. Da die Larven lediglich das abgestorbene Fleisch vertilgen, setzt man sie zur Wundreinigung ein und beschleunigt damit den Heilungsprozess.

Tausende Tönnchen

In einem Kilogramm Schweinemist können sich bis zu 15 000 Larven der Großen Stubenfliege finden. Fliegenmaden verpuppen sich in der letzten Larvenhaut, die eine Art Tönnchen bildet. Kurz vor dem Schlupf schwillt am Kopf der fast fertigen Fliege mithilfe von Luft eine Stirnblase an. Diese Blase sprengt eine Seite der Puppenhülle wie den Deckel eines winzigen Fasses ab und macht den Weg frei für das Leben in den Lüften. Am Kopf der Fliege bleibt eine bogenförmige Naht zurück, die Stirn und Gesicht voneinander trennt.

Fliegen-Forensik

Für viele Fliegen sind Tote ein gefundenes Fressen und für den Forensiker sind Fliegen ein verlässlicher Zeiger, um beispielsweise die Liegezeit einer Leiche zu bestimmen. Ein ganzes Fliegenheer, darunter Schmeiß-, Stuben-, Buckel-, Dung- und Fleischfliegen, sind sogenannte Zeigerorganismen. Bereits im 13. Jahrhundert konnte in China nachweislich ein Mord geklärt werden, der mit einer Sichel begangen worden war. Fliegen setzten sich auf das Mordinstrument und überführten ihren Besitzer als den Mörder. Selbst wenn von einer Leiche kaum etwas übrig bleibt, kann anhand von Giftstoffen oder Drogen in den Vertilgern die mögliche Todesursache ermittelt werden.

Zeitlupe

Es ist kein Wunder, dass Fliegen der Hand oder Klatsche so oft entkommen. Ihre aus Tausenden Einzelteilen zusammengesetzten Komplexaugen sind zwar keine Wunderwerke in puncto Sehschärfe, haben aber eine viel höhere Auflösung als unsere Augen.

Aufmerksame Augen

Während Menschen lediglich 20 Einzelbilder pro Sekunde wahrnehmen können, sind es bei Fliegen bis zu 250. Ein Kinofilm mit 24 Bildern pro Sekunde ist für Fliegen eine Aneinanderreihung von Einzelbildern, ebenso wie sie die herabsausende Hand gleichsam in Zeitlupe sehen und ihre Flucht vorbereiten können. Die zwei mal 4000 Einzelaugen der Großen Stubenfliege sind groß, gewölbt und rot, und sie verraten, ob uns gerade eine männliche oder weibliche Fliege heimsucht. Denn bei den Männchen ist der Augenabstand geringer als bei den Weibchen.

Zwei weniger ist mehr

Fliegen gehören zoologisch zu den Zweiflüglern. Diese Bezeichnung ist Programm: Bei Fliegen wie auch bei Mücken sind nur die beiden vorderen Flügel ausgebildet, während die hinteren zu sogenannten Schwingkölbchen umgewandelt sind. Diese ähneln winzigen Trommelschlegeln, sind auf den ersten Blick unscheinbar, haben es aber buchstäblich in sich. Denn sie enthalten sensible Steuerungssensoren und agieren wie zwei stabilisierende Kreisel. Durch sie kann eine Fliege Loopings und enge Kurven fliegen, Haken schlagen und sich senkrecht in die Tiefe fallen lassen. Eine Fliege fliegt, indem sie mit Muskelkraft ihren Brustkorb zusammenzieht und diesen in Schwingung versetzt, was sich wiederum auf die Flügel überträgt. Dadurch werden über 300 Flügelschläge pro Sekunde erreicht. Stubenfliegen bringen es auf Geschwindigkeiten von über sechs Stundenkilometern, während Schmeißfliegen fast das Doppelte erreichen.

Mach die Fliege!

Anfang des 20. Jahrhunderts errechnete ein amerikanischer Forscher, dass die Zahl der Nachkommen einer einzigen Stubenfliege von Jahresbeginn bis Mitte September mehr als fünf Milliarden betragen könnte. Das entspräche einer 15 Meter dicken Fliegenschicht rund um den Globus. Dass es zu dieser Zeit intensive Ausrottungsversuche in den Vereinigten Staaten gab, ist von daher nicht verwunderlich. Doch Stubenfliegen sind wahre Resistenzkünstler und sie wurden innerhalb weniger Jahre gegen vermeintliche Wunderwaffen wie die Insektizide DDT und Lindan immun. Bedingt durch die hohe Nachkommenzahl und die schnelle Generationenfolge tauchten rasch Nachkommen auf, die gegen die Mittel gewappnet waren und diese Eigenschaft weitergaben. Das Bild vom globalen Fliegenteppich irrlichtert zwar bis heute durch die Literatur, wurde aber bereits in den 1960er-Jahren revidiert. Am Ende würde eine 15 Meter hohe Fliegenschicht lediglich die Fläche der alten Bundesrepublik Deutschland bedecken, wären da nicht ein ganzes Heer an tierischen Fliegenfängern, wie beispielsweise Spinnen, sowie der Rückgang wichtiger Brutstätten. Auch die Ausbreitung des Autos trug über den Rückgang an Pferdeäpfeln, einer bedeutenden Fliegen-Kinderstube, zur Verringerung des Fliegenvolks bei.

Stadt- und Stadtrandfliegen

Heutzutage sind die Große und die Kleine Stubenfliege in den Innenstädten seltener vertreten. Das liegt daran, dass sie ihre Kinderstuben bevorzugt in Kot anlegen, den sie beispielsweise in landwirtschaftlichen Betrieben finden können. Schmeiß- und Fleischfliegen, die kräftigen, laut brummenden Verwandten, hingegen kommen in der Großstadt bestens zurecht. Sie legen ihre Eier in faulendes tierisches, aber auch pflanzliches Substrat. Auf der Suche nach einem geeigneten trockenen Verpuppungsort wandern ihre Larven oftmals in langen und ins Auge fallenden Zügen.

Angenehm distanziert ist hingegen die Fliege am Himmel: als Sternbild Fliege (Musca) nahe dem Kreuz des Südens.

C. H.

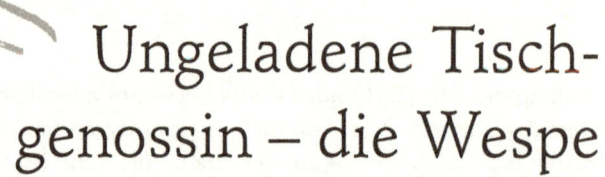

Ungeladene Tisch-
genossin – die Wespe

Sommer, Grillzeit, wir machen es uns mit Freunden im Garten gemütlich. Das Fleisch auf dem Grill brutzelt, süßer Eistee in beschla-
genen Kannen und ein leckerer Nachtisch stehen bereit. Doch die
Gemütlichkeit währt nicht lange. Schon bald geht es los: Attacke der
Wespen! Die gelb-schwarzen Biester stürzen sich auf alles, was wir
essen und trinken wollen – und sie greifen auch uns an.

Nur zwei von vielen

Die Wespen, die wir kennen, sind gelb-schwarz gestreift, besitzen die
nach ihnen benannte Taille, ernähren sich von Süßem, aber auch Fleisch,
leben in Staaten und bauen Nester für Tausende Bewohner. Doch diese
Wespen, die wir als lästige Quälgeister fürchten, sind genau zwei von
einigen Hundert Arten in Deutschland, nämlich die Gemeine Wespe
und die Deutsche Wespe. Viele Wespen sehen ganz anders aus, leben
als Einzelgänger oder haben mit Nestbau nichts am Hut.

Der Wespenlook

Die Gemeine und die Deutsche Wespe setzen auf Warnfärbung. Ihre
gelb-schwarzen Streifen signalisieren potenziellen Fressfeinden: Achtung! Ich kann mich wehren! Ich bin ungenießbar oder gar giftig! Ob
Vogel oder anderes Insekt – wer einmal in einen übel schmeckenden,
giftigen, gelb-schwarzen Sechsbeiner gebissen hat oder von ihm attackiert wurde, macht in Zukunft einen weiten Bogen um diese Farben.
Dies funktioniert so gut, dass andere Insekten, die vollkommen harmlos sind, im Laufe der Evolution die gelb-schwarze Färbung angenommen haben und dadurch vor Feinden sicherer sind.

Wespe trägt Wespentaille (zumindest die beiden Arten tragen sie). Die enge Einschnürung des Insektenleibes ist namensgebend für eine Mode: Zu verschiedenen Zeiten war die Wespentaille erklärtes Ziel vieler Frauen, die sich mit einem Korsett oder durch sonstige feste Schnürungen kasteiten. Im extremsten Fall ließen und lassen sich Frauen auch heute noch die unteren Rippenpaare chirurgisch entfernen. Die radikalen Schnürungen beeinflussen Atmung, Verdauung und Kreislauf, es kann zu Beklemmungen, Kurzatmigkeit, Störungen des Blutkreislaufs, Herzklopfen und Ohnmachten und sogar zu Hysterie und Melancholie kommen, außerdem auf lange Sicht zu Schäden der Organe – ein typischer Fall ist die sogenannte Schnürleber.

Wespenvielfalt

Goldwespen schillern metallisch in kräftigen Farben. Ihre Körperhülle ist sehr kräftig und ihr Hinterleib oben konvex und unten konkav. So können sie sich zu ihrem Schutz fast kugelig zusammenrollen. Sie legen ihre Eier in die Nester von solitären, also allein lebenden, nestbauenden Bienen und Wespen. Es gibt so interessante Arten wie die Feuergoldwespe, die Schneckenhaus-Goldwespe oder, eine besonders schelmische Farbkombination, die Rosa Goldwespe.

Trugameisen sind Wespenarten, deren Weibchen Ameisen ähneln. Die Männchen sind mindestens doppelt so groß wie die Weibchen und haben im Gegensatz zu diesen Flügel. Sind die Männchen paarungsbereit, packen sie sich jeweils ein Weibchen und fliegen mit ihm in passende Lebensräume.

Die Knotenwespen tragen ihren Namen, weil ihr Hinterleib in regelmäßigen Abständen eingeschnürt ist. Sie gehören zu den Grabwespen, die ihre Nester in den Sand am Boden bauen, indem sie ihn mithilfe ihres Hinterleibs nach oben schieben.

Wegwespen sind schlank, langbeinig und meist schwarz mit rotbraunen Bereichen am vorderen Hinterleib. Sie leben solitär und fangen für ihre Larven jeweils eine Spinne, lähmen diese durch einen Stich und ziehen sie in die Nähe ihres zukünftigen Nestes. Dort wird sie häufig versteckt und gegebenenfalls erneut betäubt, bis der Nestbau beendet ist. Als Nest dienen hohle Pflanzenstängel, Wohnhöhlen von Spinnen oder eine Zelle, die die Wespe aus Lehm selbst baut.

Schleckermaul und Fleischfresser

Warum eigentlich fressen Wespen sowohl die Sahne von unserem Kuchen als auch das Fleisch bei unserem Grillfest? Man würde eher vermuten, dass sie entweder Süßes oder Herzhaftes mögen. Grund ist, dass sie sowohl sich selbst ernähren müssen als auch ihren Nachwuchs.

Die Wespe selbst frisst Süßes, also Kohlenhydrate. Schlagsahne findet sie normalerweise nicht in der Natur, sie hält sich an Blütennektar, reife Früchte und die Exkremente anderer Insekten, die süß schmecken (etwa den Honigtau der Blattläuse). Besonders im Herbst gilt es, die Jungköniginnen mit viel zuckerreicher Nahrung zu versorgen. Da diese als einzige des Volkes überleben und somit seinen Fortbestand sichern, sind die Wespen dann ganz besonders hinter Zucker her.

Fleisch, also Eiweiße, sammelt die Wespe als Nahrung für ihre Brut. Sie jagt Insekten oder Spinnen. Die erwachsenen Tiere füttern ihren Nachwuchs mit zerkautem Fleisch. Die Wespen, die an unserem Grillfleisch knabbern, sparen sich durch ihren Besuch an unserem Esstisch also die Anstrengungen der Jagd.

Baumeister

Die Deutsche und die Gemeine Wespe leben in großen Nestern, die, ähnlich wie bei den Ameisen und Bienen, hervorragend organisiert sind. Sie sind großartige Architekten und Handwerker, kennen sich aus mit Dämmung und Klimamanagement, nutzen ein ungewöhnliches Material und bauen so das perfekte „Haus" für ihr Volk. Doch nicht alle Wespen leben so.

Architekten, Handwerker und Bewohner
Den Nestbau beginnt die Königin alleine, nachdem sie dank steigender Temperaturen im Frühling aus ihrer Winterstarre erwacht ist. Sie legt erste Eier, aus denen Arbeiterinnen schlüpfen. Diese kümmern sich weiter um den Nestbau, sodass sich die Königin wieder ganz der Eiablage widmen kann.

Im Sommer werden Männchen und die nächste Generation von Königinnen aufgezogen. Im August, wenn das Nest die meisten Be-

wohner beherbergt, beginnt das große Sterben. Durch Nahrungsmangel und sinkende Temperaturen verendet das gesamte Volk außer den Jungköniginnen, die im Herbst nach ihrer Befruchtung einen Platz zum Überwintern suchen. Obwohl aus einem Volk mehrere Jungköniginnen hervorgehen, gründen nur wenige im nächsten Jahr ein neues Volk, denn nur eine von zehn überlebt den Winter.

Material

Das bräunliche Gebilde, das bei uns im Dachboden an der Decke hängt, ist nur eine Variante der vielfältigen Nestkonstruktionen verschiedener Wespenarten. Für ihren Nestbau suchen sich die Gemeine und Deutsche Wespe dunkle Hohlräume, gerne in der Erde, etwa in bereits vorhandenen Mäusegängen oder Maulwurfbauten. Doch werden auch Rollladenkästen oder Vertiefungen auf Dachböden genutzt. Das Nest selbst besteht aus einer Art Papierhülle, die die Insekten aus zerkauten und eingespeichelten Holz- oder Pflanzenfasern herstellen. Die Beobachtung von Wespen beim Nestbau soll René Antoine Ferchault de Réaumur zu Beginn des 18. Jahrhunderts auf die Idee gebracht haben, Papier aus Holz statt bisher aus Lumpen herzustellen.

Viele Menschen fürchten sich vor Wespennestern und lassen sie entfernen. Doch trifft dies häufig Wespen, die uns überhaupt nicht lästig werden – mit verheerenden Konsequenzen für die Wespenvielfalt.

Das Baumaterial wird eng übereinandergelegt, ist papierdünn und besteht aus helleren und dunkleren Schichten.

Dämmung und Klimamanagement
Die Papier-Ummantelung dient nicht nur dem Schutz, der Raumge-
staltung und der Stabilität des Nestes, sondern auch seiner Dämmung.
Zunächst wird das Nest mehrlagig eingepackt. Da sich zwischen den
Lagen Luft befindet, wirkt dies wärmeisolierend. Wer sich ein Wespen-
nest genauer ansieht, erkennt auf seiner Außenseite eine Art Muschel-
muster. Es entsteht durch regelmäßige Schichten mit Lufteinschlüssen,
die der Isolierung gegen Frost oder Hitze dienen. Aber nicht nur durch
die Bauweise sorgen die Wespen für ein gutes Klima. Die Temperatur
im Nest wird im Bereich der Brut strengstens reguliert. Bei Hitze geschieht das durch Wasser, das die Wespen in kleinen Tröpfchen verteilen und mit ihren Flügeln befächern, sodass es verdunstet. Bei Kälte
reicht meist der Stoffwechsel der Bewohner aus, um den Stock warm
zu halten.

Alternative Lebensweisen

Viele Wespen leben anders als die uns bekannten. So gibt es Wespenarten, die keine Staaten bilden, sondern alleine (solitär) leben. Für
ihre Nester nutzen sie vorhandene Vertiefungen in Steinen, Löcher in
Holz, Boden oder Stängeln und sogar leere Schneckenhäuser oder sie
fertigen sich ihren Unterschlupf aus Lehm und Erde an. Sie konstru-
ieren einzelne Brutkammern für jeweils ein Ei. Zu jedem Ei legen sie
Proviant in Form betäubter Spinnen oder Insekten für die Larve.

Eine Besonderheit ist die Gallwespe. Sie ist auf bestimmte Pflanzen
spezialisiert, auf die sie ihre Eier ablegt. Die Pflanze bildet um das
Ei herum eine Hülle, die sogenannte Galle. Das Gewebe dieser Galle
dient später der geschlüpften Larve als Nahrung.

Andere Wespen wiederum bauen nicht selbst, sondern nutzen
die Nester, den Vorrat und zuweilen die Arbeitskraft anderer
Insekten für den eigenen Nachwuchs. Manche dieser
Wespen platzieren ihre Eier in fremde Nester, wo sich
die Larven von der vorhandenen Verpflegung oder von
den „einheimischen" Larven ernähren. Es gibt auch
Wespen, die ihr Ei auf oder in ein anderes Tier legen,
das später von der Larve gefressen wird.

Eine Fliege ist zur Beute der Wespe geworden.

Giftmischerin

Wespen können, im Gegensatz zu Bienen, mehrfach zustechen, denn sie ziehen ihren Stachel trotz vorhandener Widerhaken aus dem Fleisch wie das Messer aus der Butter. Bei jedem Stich spritzen sie ihr Gift in unseren Körper. Ihr Stachel ist mit einer Giftblase verbunden, deren Inhalt sowohl der Verteidigung als auch der Betäubung von Nahrung dient.

Das Gift der Wespe ist zwar für Allergiker gefährlich – der Rest der Menschheit muss sich aber kaum fürchten. Es sei denn, man verschluckt eine Wespe, denn dann sticht das Tier in Panik zu. Diese Stiche können anschwellen und zur Erstickung führen.

Nützlinge

Da Wespen Eiweiß benötigen, jagen sie alle möglichen anderen Insekten, darunter auch viele Schädlinge in unseren Gärten. Verschiedene Fliegen, Spinnen, Raupen und Heuschrecken stehen ebenso auf ihrem Speiseplan wie Baumschädlinge, was die Förster ganz besonders freut.

Zudem bestäuben sie Blütenpflanzen, wenn sie auf der Suche nach etwas Süßem sind. Feind der Wespe ist übrigens ihre größte Verwandte, die Hornisse, die unter Naturschutz steht.

Party für alle

Was tun, wenn wir draußen in Ruhe feiern wollen? Vermeiden sollte man bunt-grelle Kleidung und starke Parfüms, denn beides wirkt auf Wespen anziehend. Und nie eine Wespe anhauchen! Sie reagiert sehr negativ auf Kohlendioxid, das für sie ein Alarmsignal ist! Die nützlichen Tiere sollten aber auch kein qualvolles Ende in einer Wespenfalle finden. Die Lösung könnte Ablenkung sein: Wenn überreife, zerteilte Weintrauben in einigen Metern Entfernung stehen, feiern Sie und die nützlichen Wespen zeitgleich ungestört eine Party.

R. K.

Blutrünstiger Übernachtungsgast – die Stechmücke

Manche Mücken mögen Menschen. Das weiß jeder, der nachts schon einmal von dem Sirren einer sich nähernden Mücke erwacht ist. Das unangenehme, hohe Geräusch entsteht durch die Bewegung der Flügel und spiegelt sich in dem lateinischen Namen der häufigen Stechmückenart *Culex pipiens* wider, der übersetzt „piepende Mücke" heißt. Der eigentliche deutsche Artname lautet Gemeine Stechmücke, wobei „gemein" in seinem ursprünglichen Sinn von „gewöhnlich" zu verstehen ist. Allerdings fällt es mitunter schwer, dies nicht im Sinne von „heimtückisch" zu verstehen, denn aus unserer Sicht geht es in dieser unheilvollen Beziehung nicht primär ums Piepen, sondern vor allem ums Piksen.

Frauen unter sich

Mücken haben es bekanntlich auf unser Blut abgesehen. Statistisch betrachtet treffen die schmerzhaften Stiche Frauen häufiger als Männer. Das liegt wahrscheinlich am weiblichen Hormonhaushalt und damit verbunden einem aus Mückensicht attraktiveren Körpergeruch. Überhaupt sind die Frauen beim Mücken-Meeting ziemlich unter sich, denn es sind ausschließlich die Mückenweibchen, die nach der Begattung als Mini-Vampire agieren. Sie benötigen die Bluteiweiße für die Entwicklung der Eier. Mithilfe ihrer Antennen können sie ihr zukünftiges Opfer gezielt orten: Sie riechen das Kohlendioxid der ausgeatmeten Luft, die Butter- und Milchsäuren im Schweiß, die Carbonsäure in Stinkesocken, und sie nehmen, sobald sie sich genähert haben, die Wärme und Feuchtigkeit des menschlichen Körpers wahr.

Mahlzeit, Mücke!

Madame Mücke besitzt einen ausgeklügelten Stechapparat, der aus einem Bündel langer, dünner Stechborsten besteht. Zwei davon erinnern mit ihren gesägten Rändern an Stilette und dienen dem Durchbohren der Haut sowie der Wand der Blutgefäße. Die übrigen bilden eine Art Röhre mit zwei Leitungsbahnen. Durch die eine wird das Blut nach oben gesogen, durch die andere wird Speichel abgesondert. Dieser enthält einen Cocktail gerinnungshemmender Stoffe, die verhindern, dass das Blut verklumpt und den Stechapparat verstopft. Zudem werden die feinsten Blutgefäße, die sogenannten Haargefäße, an der Einstichstelle erweitert, um schneller an den Lebenssaft zu gelangen. Denn die Mücke muss Zeit sparen, wo es nur geht: Allein das Einsägen in die Haut kann bis zu einer knappen Minute dauern, bis zur Sättigung vergehen weitere drei Minuten. Dabei werden maximal 0,01 Milliliter Blut aufgenommen. Unser Körper wehrt sich gegen die eingeschleusten Fremdeiweiße und schüttet Histamin, einen Gewebsbotenstoff, aus. Dieses bewirkt die Rötung der Haut, erweitert die Gefäße und lässt Lymphe ins Gewebe ausströmen, sodass eine Schwellung entsteht. Wahrscheinlich aktiviert das Histamin freie Nervenendigungen, die daraufhin an das Zentralnervensystem feuern, wo die Meldung als Juckreiz verbucht wird.

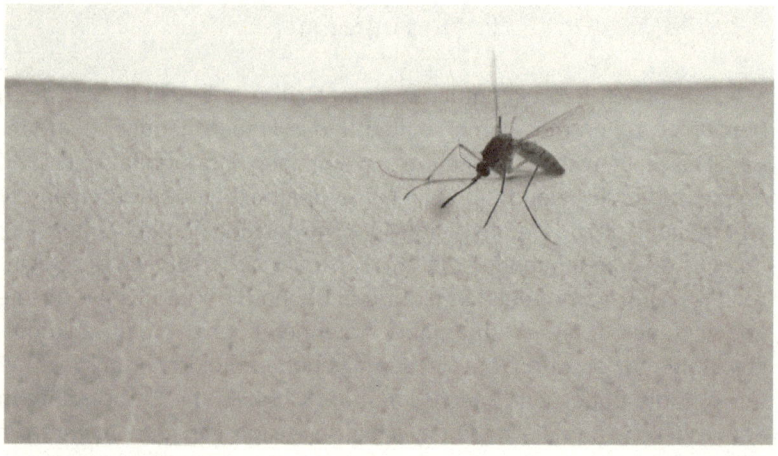

Bechern für die Babys

Mückenmusik

Was auf uns Menschen abschreckend wirkt, finden Mückenmännchen äußerst anziehend, denn sie werden von den weiblichen Schallwellen magisch angezogen. Ihren mit je 30000 Sinneszellen ausgestatteten Antennen, die Flaschenbürsten ähneln, entgeht keine Mücken-Melodie. Sie können selbst kleinste Schwingungen registrieren, die die Antennen nur um wenige Millionstel Millimeter bewegen. Männchen ernähren sich je nach Art von Pflanzensäften oder fasten für den Rest ihres Lebens. In der Paarungszeit bilden sie Tanzschwärme. Nähert sich ein Weibchen, wird es anhand seines Flugtons sofort identifiziert. Auch Liebesduette sind nachgewiesen: So gleichen Männchen und Weibchen der Gelbfiebermücke ihre Frequenzen unmittelbar vor der Paarung aneinander an.

Hochfrequente Vertreibung

Die Empfindlichkeit der Mücken für bestimmte Töne rief einige private Radiosender auf den Plan. Sie versprachen ihrer Hörerschaft, einen speziellen Anti-Mücken-Ton zu übertragen, der der Frequenz eines begatteten Mückenweibchens entspreche, für das menschliche Ohr angeblich nicht hörbar sei und andere begattete Mücken im Umkreis des Radios in Schach hielte. So warb der österreichische Sender Kronehit mit einem Anti-Gelsen-Ton, denn Mücken heißen dort Gelsen. Doch ganz gleich ob Gelse oder Mücke – die Weibchen lassen sich nachweislich nicht von begatteten Geschlechtsgenossinnen beeindrucken. Zudem ergab eine Überprüfung, dass der versprochene Ton gar nicht messbar im Radiolautsprecher ankommt. Es bleibt ungewiss, wie viele Menschen im festen Glauben an die Echtheit des Versprechens ungeschützt vorm Radio saßen und dies buchstäblich mit Blut bezahlten.

Auftakt im Wasser

Das Leben aller Stechmücken beginnt im Wasser. In puncto Eiablageplatz gibt es je nach Art unterschiedliche Vorlieben. So legen beispielsweise die Weibchen der Rheinschnake ihre Eier oberhalb eines

Gewässers ab, sodass diese beim nächsten Regen ins Wasser gespült werden. Daher rühren die Massenvermehrungen nach starken Regenfällen. Bei anderen Arten werden die Eier einzeln auf die Wasseroberfläche gelegt oder aber im Verbund als winzige Schiffchen zu Wasser gelassen. Hierbei sind die schmalen Enden der Eier wasserabweisend, sodass sie nach oben zeigen und die Eier auf dem Wasser stehen.

Einige Mücken sind, was die Wassermenge angeht, nicht anspruchsvoll. Schon ein Kleinstgewässer wie ein weggeworfener Kaffeebecher oder die Vase auf dem Friedhof genügt.

Larven- und Puppenzeit

Mücken machen wie Fliegen eine vollständige Verwandlung durch. Sie sind also zunächst Larven, verpuppen sich dann und schlüpfen schließlich als fertiges Insekt.

Mückenlarven haben eine wurmähnliche Gestalt mit einem deutlich abgegrenzten Kopf und einem kurzen Brustbereich. Meist genügt ein Blick in Regentonne oder Vogeltränke, um sie zu entdecken. Hier winden sich die Larven wurmartig durchs Wasser oder hängen an der Wasseroberfläche, wo sie mithilfe ihres Atemrohrs am Ende des Hinterleibs atmen. Je nach Art hängen die Larven mit dem Kopf entweder senkrecht nach unten an der Wasseroberfläche oder aber mit dem ganzen Körper parallel zu derselben.

Mückenlarve (Gattung Aedes)

Die meisten Mückenlarven futtern, indem sie filtrieren. Mit zwei fächerartigen Haarbüscheln erzeugen sie eine Strömung und strudeln so Kleinstorganismen, Pflanzen- und Tierpartikel herbei. Mit dem Größerwerden wird es zunehmend eng in der Körperhülle, und so streifen alle Stechmückenlarven insgesamt viermal ihre Larvenhaut ab. Im Gegensatz zu den Puppen anderer Insekten sind die der Stechmücken beweglich. Ihre ruckartigen Bewegungen ähneln halben Purzelbäumen. Geatmet wird in diesem Stadium nicht mit dem Hinterteil, sondern mit winzigen Hörnchen im Brustbereich, die über die Wasseroberfläche ragen. Das Puppenstadium ist in der Regel recht kurz und dauert zwei bis drei Tage.

Fatale Fracht

Der Speichel einiger Mückenarten hat es mitunter sprichwörtlich in sich, denn mit ihm werden die Erreger bedrohlicher Krankheiten wie Malaria, Gelbfieber oder Dengue übertragen. Pro Jahr sterben mehr als 500 000 Menschen an den Folgen einer durch Stechmücken übertragenen Infektion. In den vergangenen Jahrzehnten galt vor allem die Überträgerin der Malaria, die Fiebermücke *Anopheles*, was übersetzt „Nichtsnutz" bedeutet, als gefährlichstes Tier der Welt. Zunächst dachte man, der Ursprung der auch als Sumpffieber bezeichneten Krankheit liege in den Dämpfen, die aus Sümpfen aufsteigen. Daher rührt ihr Name: Das italienische Wort „mala" heißt „schlecht", „aria" bedeutet „Luft". In Wirklichkeit waren und sind es Mücken, die in Sumpfgebieten beste Voraussetzungen zur Vermehrung antreffen. Andernorts war der Zusammenhang zwischen Mücke und Fieberschüben frühzeitig bekannt. So verwenden die Shambala in Tansania für Mücke und Malaria dasselbe Wort, „mbu". Die am stärksten betroffenen Gebiete finden sich rund um den Äquator, wo die Erreger der verschiedenen Malaria-Formen ganzjährig gleichbleibend hohe Temperaturen und damit ideale Voraussetzungen für ihre Entwicklung antreffen. *Anopheles* breitet sich in Deutschland vor allem südlich des Mains wieder aus, allerdings gelten Malaria-Ausbrüche (noch) als unwahrscheinlich.

Mobile Mücken

Die Klimaerwärmung sorgt auch bei den Mücken für Neubürger in der heimischen Tierwelt, und so haben sich in den letzten zwanzig Jahren unter anderem die Gelbfiebermücke, die Asiatische Buschmücke und die Tigermücke in Deutschland eingefunden. Der zoologische Gattungsname dieser Arten – *Aedes* – ist Programm: Er bedeutet so viel wie „widrig" oder „lästig". Die Tigermücke mit ihrer namensgebenden schwarzweißen Körperzeichnung verbreitet sich unter anderem per Anhalter. Sie reist verborgen in den Wasseransammlungen alter Autoreifen, die weltweit verfrachtet werden. Im Hinblick auf das sich wandelnde Klima und damit einhergehend aus Mückensicht besten Lebens- und Überlebensaussichten könnten Krankheiten, die heute noch gefühlt in weiter Ferne liegen, zukünftig unser Leben entscheidend beeinflussen.

Mückenkontrolle

So wird beispielsweise in Singapur die Bevölkerung gründlich über verpflichtende Anti-Mückenmaßnahmen informiert und die Einhaltung der Anweisungen sorgfältig überprüft. Eigens zuständige Kontrolleure statten Privathaushalten unangekündigte Besuche ab und prüfen, ob sich dort kleinste Wasseransammlungen und damit potenzieller Mücken-Nachwuchs finden. Gründlich geleerte Zahnputzbecher sind hier Pflicht. Ansonsten ist mit Geldstrafen zu rechnen.

Mücken und Hundewetter

Eine Mücke kann rasante Geschwindigkeiten erreichen. Aber nicht, wie vielleicht vermutet, beim Fliegen, sondern vielmehr beim Fallen: Wird sie in ausreichender Entfernung vom Boden von einem Regentropfen getroffen, wird sie zunächst mit ihm in die Tiefe gerissen, da der Tropfen zwar vergleichbar groß ist, aber eine viel höhere Masse besitzt. Hierbei erfährt das Tier eine rasante Beschleunigung, die zu den höchsten im gesamten Tierreich zählt und den Wert bei einem Raketenstart um das Fünfzigfache übertrifft. Schließlich löst sich die Mücke unverletzt wieder vom Nass – eine wahre Überlebenskünstlerin.

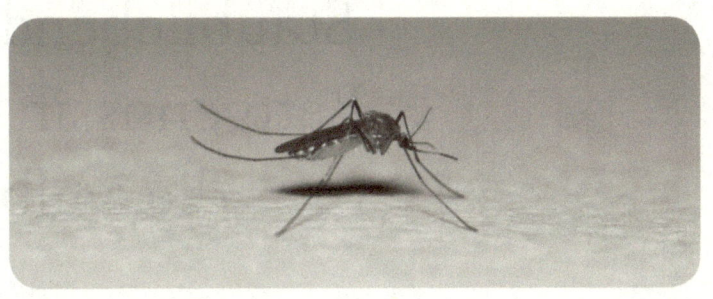

Mücken und Mief

Die Vorliebe der Malaria übertragenden Fiebermücke für menschliche Füße und deren käseähnliche Ausdünstungen riefen einen tansanischen Forscher auf den Plan. Zur gezielten Anlockung entwickelte er ein Gerät mit synthetisch hergestelltem Duft von Käsefüßen, das die gefährlichen Plagegeister erfolgreich auf die falsche Fährte führen soll. Damit könnte neben Moskitonetzen, -gittern und Mückenschutzmittel eine weitere Abwehrstrategie gegen die gefährlichen Blutsauger etabliert werden.

C. H.

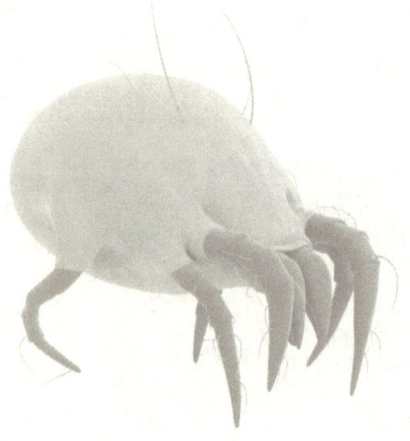

Staubliebende
Bettgenossin –
die Milbe

S ie sind überall, wirklich überall. Sie tummeln sich auf dem Hund, im Gartenteich, auf Pflanzen, Vögeln, Insekten und unserem Gesicht, in Betten und Büchern und und und. Milben sind nicht nur Weltbürger, sie sind quasi Überallbürger. Sie besiedeln fast alle Lebensräume, außer dem Hochgebirge, dem arktischen Raum und den Wüsten – aber vielleicht hat man sie dort nur noch nicht entdeckt? Spannend, aber auch erschreckend und vielleicht unappetitlich. Denn zu 99 Prozent bemerken wir ihre Anwesenheit überhaupt nicht. Das eine Prozent aber, das hat es in sich.

Die Milbe an sich

Bei den Milben, die weltweit unterwegs sind, handelt es sich um Spinnentiere, denn sie laufen auf acht Beinen herum. Sie sind so winzig, dass wir sie häufig nicht sehen können. Die kleinsten sind nur 0,1 Millimeter groß. Mit drei Zentimetern wird das vollgesogene Zeckenweibchen am größten. Es gibt nicht nur unglaublich viele Arten (mehr als 30 000 sind bekannt), sondern sie sind auch sehr vielseitig. Sie leben unter sehr verschiedenen Bedingungen und ernähren sich sehr unterschiedlich. Die Haarbalgmilben zum Beispiel leben nahe dem oder am Menschen. Jeder von uns beherbergt sie am Grunde seiner Wimpern und in den Talgdrüsen des Gesichtes. Es gibt Parasiten, die Mensch oder Tier befallen, wie die Rote Vogelmilbe, die unter anderem an Tauben und Hühnern saugt. Die Mehl- oder Modermilben wiederum lieben Lebensmittel. Milben sind unentbehrlich beim Aufleben und Vergehen der Natur, etwa bei der Zersetzung von Laub. Unter günstigen Bedingungen können sich bis zu 100 000 Milben in einem Quadratmeter Erde finden. Die Liste könnte man fast endlos fortsetzen, da die winzigen Lebewesen an vielen Vorgängen in der Natur beteiligt sind, ohne dass wir es bemerken. Aber hier geht es ja darum, welche Milben uns im Alltag begegnen, und das sind vor allem drei: die Hausstaubmilbe, die Grasmilbe und indirekt die *Varroa*-Milbe.

Kleine Helfer

Raubmilben sind Nützlinge, die gezielt gegen Schädlinge eingesetzt werden. Sie helfen in der Landwirtschaft, im Garten, aber auch im Weinbau. Man kann sie direkt im Versand bestellen und sich auf dem Postweg zusenden lassen. Sie sind sofort einsatzbereit, wir können sie gezielt an die Arbeit schicken, etwa gegen Spinnmilben. Diese hartnäckigen kleinen Schädlinge, von denen mehr als tausend Arten unsere Pflanzen anzapfen, sind nur schwer loszubekommen. Nun schlägt die Stunde der Raubmilbe *Phytoseiulus persimilis*. Einmal losgelassen, steuert sie gezielt Spinnmilben an, die sie aussaugt. Ihr Hunger ist enorm, sie erledigt täglich etwa fünf ausgewachsene Tiere, kann aber auch circa 20 Eier oder Jungtiere töten. Und keine Angst: Wenn sie alle Spinnmilben beseitigt hat, stirbt die Raubmilbe wegen mangelnder Nahrung.

Hatschi! – die Hausstaubmilbe

Man will es eigentlich gar nicht so genau wissen, aber in fast jedem Bett auf der ganzen Welt leben Hausstaubmilben im Bettzeug, in den Matratzen und auch in den geliebten Kuscheltieren. Machen es sich Hausstaubmilben in unseren Betten behaglich, dann nennt man sie Bettmilben. Sie lieben ein kuscheliges Klima um die 25 °C und 75 Prozent Luftfeuchtigkeit. Da sind Betten vorzügliche Quartiere, denn hier finden sie die nötige Wärme, Feuchtigkeit und auch noch Nahrung. Zudem können sie sich hier gut in die Dunkelheit zurückziehen – Milben sind lichtscheue Geschöpfe.

Wer Bettmilben in der Wohnung hat, der muss sich nicht schämen. Sie sind kein Zeichen für eine mangelnde Hygiene wie etwa die Krätzmilbe (von der wir hier nicht erzählen werden). Sie leben fast nur in Häusern, denn die Hausstaubmilbe soll in der Natur gar nicht mehr überlebensfähig sein. Sie hat sich unserem Lebensraum so sehr angepasst, dass sie höchstens noch in Vogelnestern überleben kann. Bettmilben ernähren sich unter anderem von Hautschuppen, von denen jeder erwachsene Mensch etwa 1,5 Gramm täglich verliert. Dies reicht locker für 100 000 Bettmilben. Weiterhin fressen sie organisches Material wie Schimmelpilze, Tiergewebe und Mehlprodukte. Und wenn kein Bett zur Verfügung steht, dann lässt es sich auch gut in Teppichen, Polstermöbeln oder Büchern wohnen ...

Bettmilben sind winzig, nur 0,2–0,4 Millimeter groß, und können bis zu 120 Tage alt werden. Da das Weibchen täglich ein Ei legen kann, vermehren sie sich explosionsartig. Die meisten Exemplare der Hausstaubmilben findet man vom Spätsommer bis in den Herbst.

Bettmilben sind eigentlich nicht gefährlich, wir merken normalerweise nicht, dass sie uns so nahe sind. Doch es kann passieren, dass eine Allergie auftritt – nicht auf die Spinnentierchen selbst, sondern auf ihre winzigen Kotkügelchen. Diese finden sich im Staub, besonders im Schlafzimmerstaub. Im Winter, während der Heizsaison, überleben nur wenige Milben – doch ihre Kotkugeln sind häufig im Raum vorhanden und werden durch Luftwirbel verteilt. Staubsaugen ist dann etwas nur für den wagemutigen Allergiker, denn ohne speziellen Mikrofilter verteilen sich die Kotkügelchen mit Düsenantrieb im Zimmer und können zu schlimmen Allergieattacken führen.

Juckreiz pur – die Herbstmilbe

Ab August sind sie wieder auf Nahrungssuche: Herbstmilben. Umgangssprachlich nennen wir sie auch Grasmilben. Oft wird sie auch als Erntemilbe, Heumilbe oder Herbstgrasmilbe bezeichnet. (Die „echte" Grasmilbe ist kleiner als unsere Herbstmilbe. Sie beißt zwar ebenfalls, aber ihr Biss juckt nicht so stark.) Der Herbst (lat. autumnus) steckt auch in ihrem wissenschaftlichen Namen *Neotrombicula autumnalis*.

Verdruss und Juckreiz bereiten uns die Larven der Herbstmilbe. Nachdem sie aus den Eiern, die die Milbenweibchen unterirdisch und in Mas-

Wenn man Pech hat, lauert sie hier: die Gras- oder Herbstmilbe.

sen (bis zu 400 Eier) gelegt haben, geschlüpft sind, kommen sie an die Erdoberfläche und suchen nach Nahrung. Dafür erklimmen sie die Spitzen von Grashalmen und anderen Pflanzen und warten auf vorbeikommende Tiere – gerne auch Menschen. Einmal unabsichtlich mitgenommen, sucht die Larve eine feuchte und warme Stelle mit weicher, dünner Haut. Sie ritzt sie an und spritzt ihren Speichel in das Gewebe, das sich auflöst und von der Larve aufgesaugt wird. Wir merken zunächst nichts davon, und die Larve, die nun dreimal so groß sein kann wie zuvor, fällt von unserem Körper ab. Bei Tieren kann sie bis zu sechs Tage an ihrem Wirt hängen, am Menschen meist nur bis zu acht Stunden.

Wir stellen erst einige Stunden oder gar ein paar Tage später fest, dass wir Besuch hatten. Dann quälen uns Rötungen und Quaddeln, die unerträglich jucken: Wir haben die Stachelbeerkrankheit, auch Erntekrätze oder Beiße genannt.

In den letzten Jahrzehnten häufen sich die Berichte über Grasmilbenstiche. Warum, ist nicht ganz klar. Ist es die Klimaerwärmung, die in milderen Wintern mehr Milben überleben lässt? Genießen mehr Menschen ihre Freizeit draußen? Werden Gärten und Parks anders gepflegt, mit anderen oder weniger Chemikalien bearbeitet?

Die Bienentöter

Varroa destructor – hier ist der Name Programm, bedeutet doch das lateinische Wort destructor Zerstörer. Die winzige Milbe stammt ursprünglich aus Südostasien und parasitiert Honigbienen. In ihrer Heimat, in der acht der weltweit neun Honigbienenarten leben, passiert nichts Dramatisches. Die Honigbienen Asiens kommen mit den kleinen Spinnentierchen gut zurecht, sie können die Eindringlinge in ihrem Stock kontrollieren. Leider kann die neunte, unsere Europäische oder Westliche Honigbiene, dies nicht.

Hätte es nicht die Globalisierung gegeben wären sich *Varroa*-Milbe und Westliche Honigbiene nie begegnet. Da der Honigertrag der Östlichen Honigbiene eher gering ist, entschloss man sich Mitte des 19. Jahrhunderts, die sehr viel produktivere Westliche Honigbiene in den Osten zu exportieren. Irgendwann entdeckte die Milbe sie als neuen Wirt und verbreitete sich mit der Westlichen Honigbiene zunächst in Asien und später fast auf der ganzen Welt. Ihr Weg ist von Russland ab den 50er-Jahren des 20. Jahrhunderts über Deutschland (1977) bis nach Neuseeland (2003) zu verfolgen. So kam sie überall hin – überall? Nicht ganz, denn Australien ist aufgrund strenger Einfuhrbestimmungen noch *Varroa*-freie Zone.

Apis melifera
Varroa destructor

Varroa-Milben auf einer Biene und einer Bienenlarve

Was macht diese Milbe so verheerend? Ihr oberstes Ziel ist es, in die Brutzellen zu gelangen. Dahin reist sie auf dem Körper erwachsener Bienen. Einmal angekommen, sticht sie ein Loch in eine verpuppte Bienenlarve und legt dann Eier in die Brutzelle, also nicht in die angebohrte Larve. Nach nur sechs Tagen schlüpfen eine männliche und vier bis fünf weibliche Milbenlarven. Diese saugen durch das vorgefertigte Loch an der verpuppten Bienenlarve. Schließlich begattet das Männchen seine Schwestern und stirbt dann noch in der Brutzelle. Schlüpft die Biene, dann hängen die Milbenweibchen schon an ihr dran. Die Biene ist jedoch häufig geschwächt und missgebildet, lebt kürzer und besitzt, falls es ein Männchen, eine sogenannte Drohne, ist, weniger Sperma. So wird ein Bienenvolk nach und nach immer schwächer, bis es schließlich stirbt. Hinzu kommt noch, dass die *Varroa*-Milben Viren übertragen können, die die Bienen ebenfalls schwächen oder töten.

Es wurden viele Versuche unternommen, die *Varroa*-Milben zu bekämpfen. Nach dem Einsatz chemischer Substanzen, der nur kurzzeitig zu einem Rückgang führte, forschen Wissenschaftler jetzt an milbenresistenten Honigbienen. Vorbild sind hier die Honigbienen aus Asien, die mit den Milben in Einklang leben. So schließt sich der Kreis, der nie entstanden wäre, hätte man die Bienen dort gelassen, wo sie ursprünglich waren.

Der lebendigste Käse der Welt

So lautet der Werbespruch für den Würchwitzer Milbenkäse. Ja, Milbenkäse. Das ist kein Witz! Der Käse reift mithilfe von Milben, weshalb die Käsemilbe als Nutztier angesehen wird – wie die Kuh – auch das kein Witz.

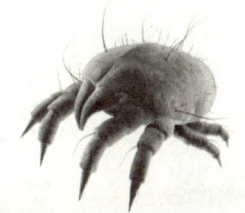

Der Würchwitzer Käse wird durch die Zugabe von Käsemilben zu getrocknetem Magerquark hergestellt. Durch ihre Verdauungsenzyme fermentiert der Quark und in drei bis sechs Monaten entsteht ein Käse, den Kenner sehr zu schätzen wissen. Milbenkäse wird auch in Belgien und Spanien produziert. In Frankreich, im Mutterland der Käsekultur, heißt er Mimolette.

R. K.

Anhängliche Passagierin – die Kopflaus

W ohl dem, dem sie sinnbildlich nur über die Leber und nicht über das Haupthaar gelaufen ist. Die Laus, namentlich die Kopflaus, zählt zu den als äußerst unangenehm empfundenen Besiedlern des Menschen. Ihre Kleinheit – das Weibchen wird mit bis zu 3 Millimetern in etwa so lang wie ein Sesamkorn – zeigt sich schon in besagter Redewendung, die ausdrückt, dass auch Kleinigkeiten Ärger hervorrufen können. Die Leber galt früher als Sitz der Gefühle des Menschen. Vermutlich manifestierte sich die kleine Laus im Sprachgebrauch als Leber-Passantin, weil beide mit dem gleichen Buchstaben beginnen, sprich eine Laus auf der Leber einfach hübscher klingt als beispielsweise ein Floh.

Haarige Liaison

Läuseei

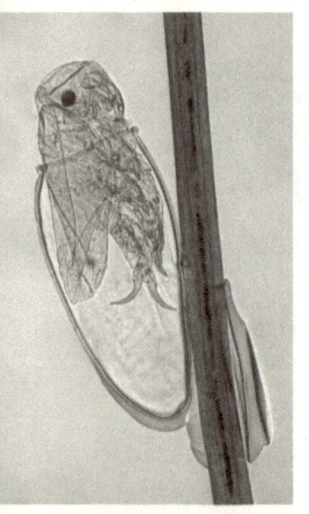

Im wahren Leben ist die Kopflaus jedoch fernab der inneren Organe im Kopfhaar des Menschen anzutreffen. Vor allem im Bereich des Haaransatzes, an den Schläfen, hinter den Ohren und am Nacken finden sie wohlig warme Verhältnisse um die 28 °C vor. Hier legen die Weibchen ihre Eier ab. Während des etwa drei Wochen dauernden Läuselebens, können es um die hundert Stück sein. Zur Fortpflanzung benötigt eine Läusedame nicht unbedingt ein Stelldichein mit einer männlichen Laus, da sie zur sogenannten Jungfernzeugung befähigt ist. Dabei entstehen aus unbefruchteten Eiern Nachkommen, die mit der Mutter genetisch identisch sind.

Jedes Läuseei gleicht einem winzigen Tönnchen mit Deckel, der mit kleinen Poren bestückt ist, um

die Sauerstoffversorgung der heranwachsenden Läuselarve sicherzustellen. Das Weibchen befestigt jedes Ei sorgfältig an der Basis eines einzelnen Haares nahe der Kopfhaut. Hierfür fabriziert es aus klebrigem Vaginalsekret eine Manschette, die am Ei anliegt und gleichzeitig das Haar umschließt. Ein auf diese Weise befestigtes Ei wird als Nisse bezeichnet. Der lausgemachte Klebstoff ist nicht wasserlöslich, weshalb eine betroffene Person die Nissen nicht durch bloßes Haarewaschen loswerden kann.

Lebenslauf einer Laus

Im Schutze der Hülle reift innerhalb einer Woche die Läuselarve heran, erkennbar von außen an der grau schimmernden Färbung im Gegensatz zur weißen Farbe einer leeren Eihülle. Kurz vor dem Schlupf saugt die Larve durch den mit Poren versehenen Deckel Außenluft an, die die Eihülle aufbläht und schließlich den Deckel absprengt. Bei diesem Vorgang wird der nur ein Millimeter messende Winzling, die sogenannte Nymphe, hinauskatapultiert. Dies ist der einzige Vorgang im Leben einer Laus, der einem Sprung zumindest nahekommt. Denn entgegen der fälschlichen Annahme, Läuse könnten mit einem gezielten Hopser flohgleich von einem Menschenkopf auf den nächsten wechseln, sind sie zeitlebens nur zum Krabbeln befähigt.

Krabbler mit Greifern

Mit den kräftigen Greifhaken an den Beinchen erinnern sie entfernt an klitzekleine Krebschen. Doch sind sie zoologisch nicht bei den Krebstieren einzuordnen, sondern zählen zu den Insekten und damit zu den Sechsbeinern. Der Abstand zwischen den Beinchen entspricht dem Durchmesser eines durchschnittlichen Menschenhaares, sodass sich eine Kopflaus hervorragend daran festklammern kann. Zur Fortbewegung wird ein Beinchen abgespreizt, bis es ein benachbartes Haar zu fassen bekommt, während die übrigen Beinchen fest am aktuell besetzten Standort verankert bleiben. Einen Sturz aus dem haarigen Paradies gilt es in jedem Fall zu vermeiden, denn fernab von menschlicher Mähne und Wuschelkopf droht spätestens nach zwei Tagen der sichere Hungertod.

An Rücken- und Bauchseite ist der Körper der Laus stark abgeplattet, zudem trägt er keine Flügel. Diese Eigenschaften kommen dem Leben im Haardschungel sehr entgegen und sind für Plagegeister, die sich auf Mensch und Tier häuslich einrichten, typisch.

Das Insektenprinzip eines harten Außenpanzers, der nicht mitwachsen kann, zwingt auch jugendliche Läuse immer wieder zur Häutung. Auf dem etwa zehntägigen Weg zum ausgewachsenen Tier streift die Nymphe insgesamt dreimal ihre Haut ab.

Eine echte Langzeitbeziehung

Die Laus scheint schon seit Urzeiten ein treuer Begleiter des Menschen zu sein.

In den Haaren der Alten Ägypter war die Kopflaus nachweislich zu Hause, wie Funde von Nissen im Haar menschlicher Mumien zeigen. In Israel wurden bei archäologischen Grabungen Haarkämme aus dem Jahre 100 v. Chr. zutage gefördert, die augenscheinlich der Entfernung von Läusen und Nissen dienten. Die jahrtausendealte Gegenmaßnahme hat sich offensichtlich bewährt: Auch heutzutage rückt man Laus und Nisse mit speziellen Kämmen, deren Zinken kleinstmögliche Abstände haben, zu Leibe.

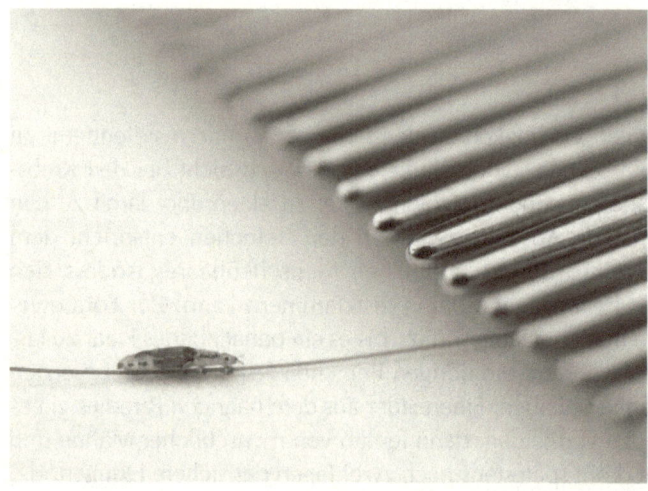

Ab in den Kamm!

Zumeist sind es Eltern von Kindergarten- oder Schulkindern, die sich mit einer Besiedlung durch die lästigen Insekten auseinandersetzen müssen. Denn gerade Kinder, die sich gerne und oft mit Spielkameraden umgeben und im Wortsinne die Köpfe zusammenstecken, bieten der Laus ideale Ausbreitungsmöglichkeiten. Auch über Mützen, Kappen sowie gemeinschaftlich genutzte Kämme und Bürsten kann das Unheil seinen Lauf nehmen, die Wahrscheinlichkeit ist jedoch geringer als beim direkten Kopfkontakt. „Kauf dir eine Laus, so ist die Schule aus" hieß es bis in die 1970er-Jahre in einem Schülerspruch – dies gilt bis heute, denn mit unbehandeltem Kopflausbefall darf ein Kind nicht in Schule oder Kita gehen.

Viel Aufmerksamkeit, aber auch jede Menge Spott erntete im Jahre 2014 die Warnung einer russischen Behörde vor dem Schießen gemeinsamer Selfies per Smartphone, da die dafür notwendige Annäherung mit einer erhöhten Läuse-Ansteckungsgefahr einhergehe. Doch ganz gleich auf welchem Wege sich Läuse Zutritt zu unserem Haupthaar verschafft haben: Dank spezieller Shampoos, deren enthaltene Öle die Atemöffnungen von Läusen verschließen, lässt sich das Kribbeln am Kopf heute schnell in den Griff kriegen.

Nimmersatte Nutznießer

Das Zusammenleben zwischen Mensch und Laus ist kein friedvolles: Denn wie es sich für einen richtigen Schmarotzer gehört, lebt die Laus nicht nur auf, sondern auch vom Menschen, genauer gesagt von seinem Blut. Hierfür zapft sie ihren Wirt über seine Kopfhaut etwa alle zwei bis drei Stunden, mindestens jedoch einmal am Tag an. Wenn ein Mensch bereits über juckende Stellen auf der Kopfhaut klagt, ist am Schopf zumeist schon eine ganze Menge los. Grund für den Juckreiz ist ein Speichelsekret, das beim Stich in die Wunde gelangt und ähnlich wie bei Stechmücken dazu dient, die Gerinnung des Blutes zu verhindern.

An dem verhältnismäßig kleinen Kopf der Laus sucht man mit bloßem Auge oder einer Lupe jedoch vergeblich nach einem beeindruckenden Blutsaugapparat. Lediglich ein runder Mundkegel, der einer Schnauze ähnelt, zwei recht kurze, mit Sinneshaaren besetzte Antennen sowie zwei winzige Augen sind auszumachen. Die Mundwerkzeuge, bestehend aus drei Stechborsten, liegen im Inneren des Kopfes in einer kleinen Tasche verborgen und werden nur beim Stechvorgang ausgefahren.

Je nach Körperfärbung kann man feststellen, ob eine Laus gerade gespeist hat: Direkt nach einer Mahlzeit schimmert das menschliche Blut rötlich durch die Körperhülle hindurch. Nach erfolgter Verdauung sind die braun bis schwarz gefärbten Abbauprodukte im Darm sichtbar. Eine hungrige Laus erscheint hingegen schmutzig gelblich.

Lausige Verwandtschaft

Die Kleiderlaus entwickelte sich vor circa 170 000 Jahren aus der Kopflaus, nachdem unsere Urahnen begonnen hatten, Kleidung zu tragen. Sie lebt zwischen Haut und Kleidung und klammert sich mit ihren Beinchen an Körperhaaren oder Kleidungsfasern fest, wobei sie raue Stoffe glatten vorzieht. Ihr Lebensraum und ihre Vermehrungsfreudigkeit – bis zu 300 Nachkommen pro Weibchen – machen sie zu einem idealen Krankheitsüberträger beispielsweise des Fleckfiebers. Traurige Berühmtheit erlangte der Russlandfeldzug Napoleons, bei dem von ursprünglich 600 000 Soldaten lediglich 3000 überlebten. Ein Großteil war Infektionen erlegen, die von Läusen übertragen worden waren. Der Zweite Weltkrieg war dank Entlausungs-Maßnahmen der erste bewaffnete Konflikt, in dem weniger Menschen an Fleckfieber starben als an den Kampfhandlungen.

Bei Temperaturanstieg und -abfall, wie er bei Fiebernden und Sterbenden eintritt, verlassen Kleiderläuse ihren angestammten Lebensraum. So wird von der Beerdigung des Erzbischofs Thomas von Canterbury im Jahre 1170 berichtet, dass die Läuse in unglaublichen Massen und weithin sichtbar die zahlreichen Kleidungsschichten des aufgebahrten Toten verließen.

Die Filz- oder Schamlaus besiedelt die Schambehaarung des Menschen, kommt aber auch in Achselbehaarung, Augenbrauen und Wimpern vor. Die Filzlaus saugt immer an der gleichen Körperstelle. Mit ihrem Speichel verändert sie das Hämoglobin des Menschen so, dass an der Einstichstelle bläuliche Flecken entstehen. Die Schamlaus wird beim Geschlechtsverkehr übertragen und wurde daher in früheren Zeiten auch als Kavaliersbiene bezeichnet.

Sprachschmarotzer

Die Laus ist nicht nur fest in unseren Haaren, sondern auch in unserer Sprache verankert. In Wien bezeichnet man einen Scheitel recht treffend als Lausallee. Lausige Zeiten im Wortsinne waren bis in das 20. Jahrhundert hinein in unseren Breiten keine Ausnahmeerscheinung – dies spiegelt sich in Bezeichnungen wie „Lausbub" oder „Lausekerl" wider. Während sich der ursprüngliche Begriff „Lauser" auf einen durch Läuse besiedelten Menschen bezog, bezeichnet der Zusatz „Laus" seit dem 18. Jahrhundert das Schlechte und verharmlosend das Freche. Setzt man jemandem eine Laus in den Pelz, so bereitet man ihm oder ihr Unannehmlichkeiten. Im 16. Jahrhundert jedoch hatten die Menschen derart viele (Kleider-)Läuse, dass diese Redewendung ursprünglich bedeutete, etwas völlig Überflüssiges zu tun, ähnlich den Eulen, die man nach Athen trägt.

Sind wir verblüfft, so laust uns der Affe. Wahrscheinlich bezieht sich diese Redensart auf Vorkommnisse, bei denen Affen von der Schulter eines Schaustellers auf die eines überraschten Zuschauers sprangen und begannen, diesen zu lausen. Bei diesem Vorgang geht es den Affen, wie man heute weiß, gar nicht in erster Linie um die Suche nach Läusen, sondern um das Entfernen von Hautschuppen und den positiven Effekt des gegenseitigen Körperkontakts auf das Zusammenleben. Das wechselseitige Absuchen nach Läusen und anderen Plagegeistern war in früheren Zeiten auch unter Menschen weit verbreitet, wie zahlreiche bildliche Darstellungen verdeutlichen.

„Nicht die Laus" war ein oft gehörter Ausspruch deutscher Studenten zu Beginn des 20. Jahrhunderts. Diese Bemerkung war gleichbedeutend mit „Gar nichts" und beschreibt treffend die Winzigkeit dieses menschlichen Mitbewohners. Aus die Laus.

C. H.

Gefährlicher Gast – die Zecke

Wir fürchten sie. Wir meiden sie, wo immer es geht. Erzählungen über sie registrieren wir mit Ekel und Panik. Und das hat auch seinen guten Grund, denn sie betrachtet uns nur als Nahrungsquelle und kann zudem Krankheiten übertragen. Doch gönnt man der Zecke einen genaueren Blick, dann kann man zu der Erkenntnis gelangen, dass sie jedem Manager als Vorbild dienen könnte, denn sie ist effektiv, flexibel, raffiniert und zielorientiert.

Leder- und Schildzecken

Die Zecke ist kein Insekt, sondern ein Spinnentier und gehört zur Unterklasse der Milben. Das erwachsene Tier krabbelt auf acht Beinen durchs Leben, die Larven sind noch sechsbeinig unterwegs, dazwischen liegt das Nymphenstadium (acht Beine). Die etwa 850 Zeckenarten weltweit gliedern sich in zwei Gruppen: Lederzecken und Schildzecken. Uns ärgern hauptsächlich die Schildzecken, zu denen der Gemeine Holzbock zählt. Ihnen begegnet man leider häufig, wenn man in Wald und Wiesen unterwegs ist. Da sie ein Schild aus Chitin auf dem Rücken tragen, überleben die Tiere selbst harte Stöße und massives Quetschen, ohne Schaden zu nehmen. Chitin ist ein sehr widerstandsfähiges Kohlenhydrat (griechisch chiton bedeutet Panzer), das unter anderem die Körperhülle von Insekten, Spinnen, Krebstieren bildet. Bei den Schildzecken kann man die Mundwerkzeuge gut von oben erkennen, denn sie ragen keck und angriffslustig hervor. Um sie zum Einsatz zu bringen, müssen sie jedoch erst einmal einen Wirt finden, und das tun sie mithilfe ausgeklügelter Sinnesleistungen.

Lederzecken sind weich, da sie keinen Chitinpanzer tragen. Wenn man sie von oben betrachtet, erinnern sie eher an ein kleines Beutelchen. Ihre Mundwerkzeuge sieht man erst, wenn man sie auf den Rücken dreht. An Orten, wo Tauben genistet haben oder nisten, kann man am ehesten Taubenzecken begegnen. Soweit bekannt ist, übertragen sie keine Krankheiten, aber es kann zu allergischen Reaktionen kommen. Lederzecken können monatelange Trockenheit überleben, da sie zum einen nur wenig Wasser über ihre Außenhülle verlieren und zum anderen den Wasserverlust über die Atmung reduzieren: Sie besitzen wie alle Zecken Atemöffnungen in der Nähe des hinteren Beinpaars, die sie dann einfach nur sehr selten öffnen.

Empfindsam Wartende

Zecken sind wahre Künstler, wenn es darum geht, aus der Entfernung potenzielle Nahrungsquellen zu entdecken – also entweder uns oder andere Tiere. Sie reagieren sehr sensibel auf mechanische, thermische und chemische Reize, also auf die Erschütterungen eines vorbeilaufenden Hundes, die Wärme eines äsenden Hasen oder das Kohlendioxid, das wir ausatmen. All dies erspüren sie mit den Enden ihrer Vorderbeine. Dort sitzt das Hallersche Organ, ein ungemein komplexes Sinnesorgan. Wenn die Zecke auf einer Pflanze lauert, breitet sie ihre Vorderbeine weit auseinander und bewegt sie suchend hin und her, um ihre zukünftige Futterquelle abzupassen. Hat sie etwas entdeckt, dann krabbelt sie in die entsprechende Richtung mit der Absicht, sich an das vorbeikommende Tier zu klammern.

Eine Zecke lauert auf vorbeikommende Nahrung.

Schildzecken können, was ihren Wirt betrifft, entweder sehr treu oder sehr untreu sein. Manche Arten suchen ihre Nahrung nur an einer einzigen Tierart, etwa an Igeln, andere sind weniger wählerisch: Hauptsache Nahrung. Das kann gefährlich werden, da sie Krankheiten früherer Wirte übertragen können.

Auf den Bäumen nur Affen

Immer noch hält sich der Glaube, dass sich Zecken von den Bäumen auf ihre Opfer fallen lassen. Das stimmt nicht. Das Hallersche Organ kann auf eine große Entfernung nicht funktionieren. Zudem müssten die Zecken in der Lage sein zu berechnen, wie und wann sie sich fallen lassen müssten, um unter Berücksichtigung des Windeinflusses zielgenau auf einem sich vorwärtsbewegenden Objekt zu landen. Und das blind! Zecken sind zwar raffinierte Tiere, doch das können sie wohl nicht.

Wie hoch Zecken lauern, ist vom Entwicklungsstadium abhängig: Die Larven krabbeln auf niedrige Pflanzen von bis zu 10 Zentimeter Höhe, die Nymphen zwischen 10 und 50 Zentimeter, die Adulten bis zu 1 Meter Höhe und mehr. Je nach Höhe werden verschiedene Tiere befallen.

Wählerische Sucherin

Spinnentiere tragen an ihrem Kopf zwei spezielle Extremitäten: die Pedipalpen. Sie können unterschiedlich gestaltet sein und je nach Bauweise und Bedürfnissen des Tieres verschiedene Funktionen haben: Fang- oder Laufbeine, Tast- oder Greiforgane, Scheren oder Gefäße zum Transport und Übertragen von Sperma. Bei den Zecken dienen sie als Tastorgane, ihnen ist es zu verdanken, dass wir so manche Zecke von unserem Körper absammeln können, bevor sie zusticht. Denn einmal auf ihrem Wirt angekommen, startet sie eine zum Teil sehr langwierige, aber zielorientierte Suche nach der perfekten Stelle, an der sie saugen möchte. Dünn soll die Haut sein, und wenn es dort noch feucht ist, dann passt es ihr perfekt. Bei der Suche nach der idealen Einstichstelle helfen ihr Sinnesborsten, die sich an eben diesen Pedipalpen und auch den Vorderbeinen befinden.

Aufschneiden und zustechen

Chelizeren – das klingt schon ungut und das sind sie auch. Diese Werkzeuge tragen an ihren Spitzen scharfe Vorrichtungen, mit denen die Zecke die Haut des Wirtes erst einmal anritzt. Sie tut dies so minimal, dass wir davon gar nichts bemerken. Nun wird das sogenannte Hypostom eingesetzt, das eigentliche Instrument zum Stechen und Saugen. Das Hypostom sieht wie ein plumper Zapfen aus, besteht aus Chitin, ist außen mit Widerhaken besetzt und hat auf seiner Oberseite eine rinnenartige Vertiefung, die sich über seine gesamte Länge zieht. Chitin ist ein harter Stoff, weshalb das Hypostom leicht in das Gewebe eindringen kann.

Die Vertiefung auf dem Hypostom nennt man Speichelrinne, über sie lässt die Zecke Speichel in unsere Wunde fließen. Jedoch keinen normalen Speichel, sondern einen effektiven Cocktail aus gerinnungs- und entzündungshemmenden sowie betäubenden Stoffen – clevere Tiere betäuben eben die Stichstelle, um nicht bemerkt zu werden. Zudem löst der Speichel Gewebe auf, das das Tier dann einsaugen kann – leider können in dem Speichel Krankheitserreger enthalten sein.

Zecken entfernen

Ziehen? Drehen? Öl drauf? Alkohol drauf? Die Tipps zur Zeckenentfernung sind mannigfaltig. Und manches ist grundverkehrt. Richtig ist ziehen, dazu nutzt man je nach Vorliebe Zeckenzange, Zeckenkarte oder Zeckenlasso. Man sollte ein solches Instrument immer bei sich tragen, wenn man in der Natur unterwegs ist, denn je rascher eine angedockte Zecke entfernt wird, desto besser. Wichtig ist dabei: ruhig bleiben, langsam und kontrolliert vorgehen. Die Zecke sollte nahe an der Haut herausgezogen werden, damit sie nicht gequetscht wird. Denn sonst gibt sie aus Stress vielleicht Körperflüssigkeiten ab, die Krankheitserreger enthalten. Ist die Zecke entfernt, sollte sie mithilfe eines sehr harten Gegenstandes zerquetscht oder mit 40%igem Alkohol getötet werden. Sonstige Tötungsversuche, wie das Zerquetschen unterm Schuh oder mit dem Fingernagel, aber auch das Hinunterspülen in der Toilette überlebt sie.

Bombenfeste Verankerungen

Die Widerhaken des Hypostoms verankern die Zecke fest in der Haut. Doch es sind nicht die Widerhaken alleine: Zecken produzieren eine Art Klebstoff, der Zeckenzement genannt wird, mit dem sie sich an die Haut anpappt. Aus diesem Grund trägt der Gemeine Holzbock den schönen wissenschaftlichen Namen *Ixodes ricinus*, denn Ixos heißt griechisch Leim. (Der zweite Teil des Namens bezieht sich auf das Aussehen der vollgesogenen weiblichen Zecke, sie gleicht einem Rizinus-Samen.)

Der große Schluck

Hauptsächlich sind es erwachsene Zeckenweibchen, die blutsaugend unterwegs sind, und wahrlich, sie nehmen einen ordentlichen und langen Schluck. Bis zu sieben Tage können sie an ihrem Wirt hängen

*Ein Zecken-
weibchen nach
dem Saugen*

und saugen und dabei kann sich ihre Körpermasse um das 100- bis 200-fache erhöhen. Erwachsene Männchen hingegen saugen nur sporadisch, um Energie zwischen ihren Paarungen zu tanken. In den meisten Phasen ist die Nahrung wichtig für Wachstum und Häutung. In der letzten Phase nimmt das Weibchen so viel Nahrung auf, um die mehr als tausend Eier (bei einigen Arten mehr als 10000) zu produzieren. Nach der Eiablage stirbt es.

Nur wenige überleben

Die immense Eiproduktion ist nötig, da die meisten Zecken im Laufe ihres Entwicklungszyklus auf der Strecke bleiben. Beim Gemeinen Holzbock sollen aus 1000 Eiern nur etwa 100 Larven schlüpfen, von diesen überleben circa zehn Nymphen und von diesen wiederum eine erwachsene Zecke – ein Glück, denn sonst wären wir vor den kleinen Blutsaugern nicht mehr sicher. Larven sind für uns meist kein Problem, da sie nur sehr dünne Hautflächen durchdringen können und überwiegend keine oder nur geringe Mengen an Erregern in sich tragen. Die Nymphen hingegen können schon Krankheiten übertragen, da die Larven vielleicht bereits an einem infizierten Tier gesaugt haben.

Die Klimaerwärmung macht es möglich, dass Zecken mildere Winter in einer hohen Anzahl überleben und inzwischen auch in größeren Höhen und nördlicheren Breiten auftreten. Zudem haben Zecken häufiger außerhalb der bekannten „Zeckensaison" Konjunktur.

Hungerkünstler

Zwischen den einzelnen Stadien und Saugakten kann viel Zeit verstreichen, wenn ein geeigneter Wirt fehlt. Zecken sind wahre Hungerkünstler, die ihren Stoffwechsel auf ein absolutes Minimum reduzieren können, um sogar mehrere Jahre ohne Nahrung auszukommen.

Ohne Nahrung heißt hier auch ohne Flüssigkeit. Was tun, um nicht zu verdursten? Hierfür haben Zecken eine absolut raffinierte Lösung gefunden: Sie produzieren ein Speichelsekret, das Wasser anzieht – so können sie Wasserdampf aus der Luft aufnehmen. Allerdings klappt das nur bei einer relativen Luftfeuchtigkeit ab 80 Prozent.

DU ZECKE!

Als Schimpfwort Rechtsradikaler gegenüber linken Autonomen, besonders Punks, bewegt sich die Zecke in braunen Mündern. Früher grölten sie „linke Zecke", jetzt reicht „Zecke" – Tiernamen und Vergleiche aus der Schädlingsbekämpfung waren schon im Vokabular des Nationalsozialismus beliebt. Dass die Neonazis nicht auf die Komplexität und Raffinesse der Zecke anspielen, ist klar.

Eine interessante Wendung nahm dieses vermeintliche Schimpfwort, als eine Gruppe von Musikern sich kurzerhand zu Zeckenrappern erklärte. Diese linkspolitische Rap-Richtung, der etwa die Band Neonschwarz oder die Rapperin Sookee angehören, wendet sich gegen Rassismus, Sexismus und Homophobie in vielen Rap-Texten.

R. K.

Untermieter

Heimliche Schrank-
bewohnerin – die Motte

Du kriegst die Motten! Besonders rund um Berlin kann man diesen Ausruf des Erstaunens häufig hören. Nun ist es nicht so, dass die deutsche Hauptstadt gleichzeitig die Metropole der Motten wäre, aber hier hat der Ausdruck seinen Ursprung. Vermutlich in den Arbeitervierteln des 19. Jahrhunderts entstanden, fußt er auf der Umschreibung eines Krankheitsbilds. Hatte jemand die Motten, so bedeutete dies, dass er unter Lungentuberkulose litt, denn das durchlöcherte Lungengewebe ähnelt dem allgemeinen Fraßbild von Motten in Mantel, Pelz und Wollpullover.

Knabbernde Kinder

Das Zerstörungswerk der Motten ist den Menschen schon sehr lange bekannt: So heißt es im Neuen Testament der Bibel, man solle Schätze im Himmel sammeln, denen Motten und Rost nichts anhaben könnten. Auch die Urheberschaft lästiger Löcher und verdorbener Speisen ist lange geklärt: Wahrscheinlich ist der Begriff Motte mit der Bezeichnung Made, also beinlosen Larven wie denen der Fliegen, verwandt. Denn nicht die fertigen Falter knabbern sich durch unsere Kleider- und Vorratsschränke, sondern deren Kinder: Es sind die Larven, die für Unmut sorgen. Sie sind je nach Art mit einem gesegneten Appetit auf aus menschlicher Sicht schwer Verdauliches wie beispielsweise Chitin – den Baustoff der Insektenpanzer –, Horn oder giftige Substanzen wie Tabak ausgestattet.

Motten im Mantel

Ursprünglich lebten Motten in den Nestern von Vögeln und Säugetieren. Dort gibt es reichlich Federn und Fell und damit köstliches Keratin, ein für den Menschen nicht zu spaltendes Eiweiß. Dann tat sich mit der Fellkleidung unserer Ahnen und später mit Kleiderkisten und -schränken vielversprechendes Neuland auf, und die Motten verlegten sich auf ein lohnendes Untermieterdasein. Die Larven der weltweit verbreiteten Kleidermotte und der selteneren Pelzmotte futtern sich seither durch Wolle, Pelze, Federn, Haare und auch Seide. Besonders gerne mögen sie Schmutzwäsche, denn Stellen mit Speiseresten, Hautschuppen, Haaren, Schweiß, Kot und Urin bilden eine willkommene Nahrungsergänzung für die fressende Schar. Mischgewebe werden nur verzehrt, wenn der Wollanteil über 20 Prozent liegt. Aber wer glaubt, er könne mit seinem Bestand an Baumwollkleidung aufatmen, irrt: Denn bei starkem Befall frisst eine Motte auch keratinfreie Textilien. Dann dauert die Entwicklung zur Vollmotte allerdings etwas länger.

Bewegliche Bleibe

Kleidermotten-Weibchen legen um die 50–250 nur 0,6 Millimeter messende, weiße Eier, die sie einzeln oder in Gruppen am liebsten auf rauen Oberflächen, in Falten oder Vertiefungen in der Nähe von Fressbarem platzieren. Die schlüpfenden Larven sind gelblich-weiß gefärbt und haben einen dunkelbraunen Kopf. Bei näherem Besehen kann man entdecken, dass sie gar nicht beinlos sind, sondern winzig kurze Beinpaare tragen, klitzekleine Raupen eben.

Mottenlarve

Am Unterkiefer besitzen sie Spinndrüsen, mit denen sie Nahrungsreste und Kot zu einer lockeren Gespinströhre verweben. Vorne lugt der Kopf heraus, durch die hintere Öffnung wird Kot abgegeben. Dieser kann recht bunt gefärbt sein, denn er hat die Farbe des verzehrten Materials. Mottenlarven beißen Pelzhaare an der Basis ab, sodass diese in ganzen Büscheln ausfallen. Die Fasern von Textilien werden zernagt, wodurch sie mit der Zeit brüchig werden und die bekannten Mottenlöcher entstehen.

Standhaft im Staub

Wer viel futtert, der wächst, und so häuten sich die Larven mehrmals und verpuppen sich schließlich in ihrer Wohnröhre. Der gesamte Weg vom Ei zur fertigen Motte kann je nach Temperatur und Nahrungsverfügbarkeit zwischen zwei Monaten und mehreren Jahren dauern. Je trockener und kühler desto langsamer geht die Entwicklung voran. Unter 10 °C wird es (vorerst) nichts mit der Motte.

Doch die Tiere sind zäh und wahre Überlebenskünstler: Kein Wasser? Kein Problem! Über ihren Stoffwechsel können Motten das kostbare Nass aus der Nahrung gewinnen. Bei einer Luftfeuchtigkeit von nur fünf Prozent setzen Kleidermottenlarven im Laborversuch ein Drittel des Gewichts der aufgenommenen Nahrung in Wasser um.

Leer stehende Wohnung, keine Kleider? Auch kein Problem! Denn es gibt ja meistens noch ein paar Staubansammlungen, Wollmäuse eben. Und die bestehen zum Großteil aus Hautschuppen, nämlich Keratin, also: Mahlzeit, Motte!

Verwandelt

Nach acht bis vierzig Tagen schlüpft aus dem Kokon ein kleiner Schmetterling mit auffallend glänzenden, ockergelben Vorder- und gelbgrauen, bewimperten Hinterflügeln, die ausgebreitet etwas mehr als anderthalb Zentimeter messen. Sein Erwachsenenleben dauert nicht allzu lang. Nur maximal vier Wochen hat die fertige Motte Zeit, um einen Partner zu finden und für Nachwuchs zu sorgen. Den fetten Raupenzeiten folgt das große Fasten, denn fertige Motten nehmen keine Nahrung mehr zu sich.

Liebesdüfte

Die durchs Zimmer flatternde Motte mampft also keine Mäntel, sondern ist meist nur ein Bote unerfreulicher Völlerei in der Kommode. Und sie ist in der Regel männlich. Denn nur die Männchen sind gute Flieger, während die Weibchen als äußerst flugunlustig gelten und allenfalls über kurze Strecken fliegen. Auf der Suche nach einer Partnerin und einem Rendezvous im Wäscheregal kurven Mottenmänner durch unsere Wohnungen und folgen den verlockenden Düften, die paarungsbereite Weibchen verströmen. Diese entstammen – für das Männchen folgenschwer – oftmals einer klebrigen Lockstoff-Falle, aufgestellt, um einen vermuteten Mottenbefall zu überprüfen. Solche Fallen machen sich den äußerst feinen Geruchssinn der Kleinschmetterlinge zunutze, für den Motten nicht mal eine Nase benötigen. Riechen können sie nämlich mit ihren Fühlern, die mit Sinneshaaren besetzt sind, welche feinste Duftkonzentrationen erspüren können. Wer gut riecht, dem stinkt's auch schneller: So kommen allerhand ätherische Öle, zum Beispiel von Lavendel und Limone, als Abschreckungsmaßnahme zum Einsatz, auch Zedernholz soll Motten verbannen. Der eigentlichen Motten-Misere wird häufig mit Schlupfwespen begegnet, die ihre eigenen Eier in Motteneiern platzieren und diese zum Absterben bringen.

Noch mehr Motten

Als wäre Kleiderkost aus menschlicher Sicht nicht schon ausgefallen genug, haben nahe Verwandte der Kleidermotte noch originelle zusätzliche Nahrungsquellen entdeckt. So können für die Tapetenmotte selbst dekorative Wandbedeckungen lecker sein, im Freiland nimmt sie alternativ auch Speiballen von Eulen auseinander. Die Fässermotte, auch Weinkellermotte genannt, hingegen werkelt im Untergrund und weidet den Schimmelbelag auf Weinfässern, Korken und Kellerwänden ab.

Motten im Müsli

Auch für pflanzliche Produkte steht eine ganze Armada an Motten bereit. So richten sich Dörrobstmotte, Kornmotte, Mehlmotte und

Mehlzünsler in unseren Getreide-Vorräten häuslich ein, die Kakao-motte neben den namengebenden Kakaobohnen zusätzlich noch in Tabak, Stroh und Heu. Die flexible Braune Hausmotte verspeist sowohl Pflanzliches als auch Tierisches.

Die weltweit vorkommende und häufig anzutreffende Dörrobstmotte kann man relativ leicht erkennen: Die Vorder-flügel des sonst hellgrauen Falters tragen am Außenrand eine kupfer-rote Färbung, die bis zu zwei Drit-teln der Flügelfläche einnimmt. Das Weibchen legt bis zu 400 Eier direkt auf der zukünftigen Mahlzeit ab. Steht Wasser zur Verfügung, beispielsweise aus dem Kochdunst in der Küche oder von einer Schrankreinigung mit feuchtem Tuch, steigt die Zahl der Eier auf bis zu 600 Stück an. Wie auch bei der Kleidermotte kön-nen hohe Temperaturen die Entwicklung rasant beschleunigen, sodass bei 30 °C nur knapp vier Wochen vom Ei bis zum fertigen Falter ver-gehen.

Dörrobstmotte

Kaum geschlüpft, nagen sich die Raupen durch Nüsse, Hülsen-früchte und Sämereien und spinnen dabei feine Fäden. Nach dem Fut-tern und Wachsen kommt das Wandern: Bis zu zehn Tage kriechen die Raupen auf dem Nährsubstrat umher und gehen auf die Suche nach einem geeigneten Verpuppungsort. Dabei entstehen silbrige, feste Ge-spinsthäute, die eindeutig den Befall belegen. Für die Verwandlung zum Kleinschmetterling suchen die Raupen artspezifisch unterschied-liche Orte wie Ritzen im Küchenschrank oder diverse Verpackungs-materialien auf.

Katastrophe im Karton

So entstehen wahre Kummerkästen. Denn die Wahrscheinlichkeit, dass ein befruchtetes Mottenweibchen durch ein offenes Fenster in eine Wohnung oder einen Betrieb fliegt und dort buchstäblich die Saat für einiges Unheil legt, ist schon aufgrund der Defizite in puncto Flugkünsten recht unwahrscheinlich. Zumeist wandern die Puppen in

Kisten und unterschiedlichsten Verpackungen passiv in unsere Behausungen ein. Eine Mottenkiste im Wortsinn also. Es gibt aber noch mehr Möglichkeiten für einen Motten-Zuzug wie ein befruchtetes Mottenweibchen im Müsli oder Motteneier in Nüssen.

Motten im Museum

Auch Museumskuratoren legen beim Gedanken an Motten die Stirn in Falten. Denn diesen ist es gleich, welchen Wert die Menschen einer potenziellen Mahlzeit beimessen, und so vertilgten sie beispielsweise das weltweit letzte Stopfpräparat (Haut und Federn) des Dodos, eines seit dem 17. Jahrhundert ausgestorbenen Vogels, in einem britischen Museum.

Motten-Mischmasch

Auch wenn das Hauptinteresse von Menschen an Motten verständlicherweise nicht in der genauen Stellung ihrer Mitbewohner in der zoologischen Systematik liegen mag, sei angemerkt, dass nicht alle Motten auch echte Motten sind. Denn zoologisch gesehen gibt es eine einzige Familie der Echten Motten, deren bekanntester Vertreter die Kleidermotte ist. Die Dörrobstmotte hingegen gehört einer anderen zoologischen Familie an. Zudem gibt es weitere Schmetterlingsfamilien, wie beispielsweise die Miniermotten, deren Raupen durch ihre Fraßtätigkeit Minen in Pflanzen fräsen, uns aber nicht sprichwörtlich auf den Pelz rücken.

Umgangssprachlich werden auch nachtaktive Schmetterlinge häufig als Motten bezeichnet, die im Gegensatz zur äußerst lichtscheuen Kleidermotte in der Dunkelheit diverse Lichtquellen umschwirren. Dies hat sich auch in unserer Sprache niedergeschlagen: Das faszinierte, willenlose Umschwärmen einer Person wird sprachlich mit Motten in Verbindung gebracht: Sie fliegen wie die Motten ums beziehungsweise zum Licht.

C. H.

Lichtscheuer Badblockierer – das Silberfischchen

U rinsekt! Wie das klingt! Geheimnisvoll, rätselhaft, unheimlich, unergründlich, unerforschlich und geradezu mystisch. Da denkt man an uralte Tiere, an Urwald, an die Tiere der Urzeit, wie etwa die Dinosaurier. Das Silberfischchen ist so eines, ein Urinsekt. Was bedeutet das? Ist es schon neben *Tyrannosaurus rex* durch die Wälder gekrabbelt? Hat es unter Schuppen- und Siegelbäumen seine Nahrung geknabbert? Was macht es so erfolgreich, dass es noch heute, im Zeitalter von Anti-Schuppenshampoos und veganer Ernährung existiert?

Stubenhocker

Das Silberfischchen fühlt sich in unseren Breitengraden eher in Häusern wohl. So wohl, dass es fast gar nicht mehr raus will – nur im Sommer kann es vorkommen, dass es in Vogelnestern lebt. Doch fallen die Temperaturen, dann sucht es rasch seinen Weg zurück in unsere Wohnungen.

Das kleine, bis zu 12 Millimeter lange Insekt mag es gerne kuschelig warm, schön feucht und dunkel. 20–30 °C und eine hohe Luftfeuchtigkeit sind die Voraussetzungen, unter denen es ihm gut geht. Da passt es, dass die meisten anderen Silberfischchenarten in den Tropen und Subtropen leben. Dort ziehen sie sich tagsüber ins Dunkel unter Steine, Holz oder Erde zurück, zuweilen leben sie auch in Ameisen- oder Termitenbauten. Sie ernähren sich von toten Pflanzen und Pilzen. Die Abhängigkeit des Silberfischchens von einer hohen Luftfeuchtigkeit deutet auf eine Möglichkeit hin, es zu bekämpfen: Häufiges Lüften hilft, weil man dadurch die Luftfeuchtigkeit senkt. Und es wird klar, wo man dieses Insekt meist findet: im Bad und in der Küche. Hier hält es sich tagsüber oftmals hinter Tapeten, unter Fliesen oder in winzigen Ritzen auf – sein kleiner und flacher Körper macht es möglich. Aber unter geeigneten Bedingungen kann es in der gesamten Wohnung vorkommen. Erst nachts kriecht es hervor und begibt sich auf die Suche nach Nahrung oder einem Partner.

Ururururalt

Man nennt sie Urinsekten oder flügellose Insekten: Doppelschwänze, Beintastler, Springschwänze, Felsenspringer und eben die Silberfischchen. Schon diese Namen klingen sehr ursprünglich. Doch manche Wissenschaftler halten nicht mehr viel von dieser Einteilung und zählen nur noch die Felsenspringer und Silberfischchen zu den Insekten und somit zu den Urinsekten. Doch viel interessanter ist: Warum bezeichnet man sie als Urinsekten? Ein Indiz ist, dass sie „primär flügellos" sind, was sich auf die Entwicklungsgeschichte der Insekten bezieht: Zuerst waren sie flügellos (primär flügellos), dann entwickelten sie Flügel und schließlich reduzierten manche unter ihnen diese wieder (sekundär flügellos). Urinsekten sind also sozusagen auf dem Stand der frühesten, flügellosen Insekten stehen geblieben und haben niemals Flügel entwickelt. Außerdem tragen sie urtümlichere Mundwerkzeuge und Extremitäten als die Insekten, die sich später entwickelt haben – ein Beispiel ist der Terminalfaden des Silberfischchens.

Silberfischchen gelten als Reliktgruppe, das heißt als Vertreter einer Gruppe von Tieren, die längst ausgestorben sind – bis eben auf eine oder wenige Arten. Man nennt sie auch lebende Fossilien. Sie sollen seit 300 000 000 Jahren – in Worten: dreihundert Millionen – existieren. Dies belegen Fossilien mit Silberfischchen aus dem Oberkarbon (etwa 320 Millionen Jahre alt). Sie sind also schon gut 130 Millionen Jahre vor *Tyrannosaurus rex* durch die Gegend gekrabbelt.

Von oben sieht man ihn deutlich: den langen Terminalfaden des Silberfischchens.

No Sex, please

Silberfischchen haben keinen Sex. Oder nicht die Art Sex, die wir uns unter dem Wort vorstellen. Vielmehr ist es ein faszinierendes Schauspiel, bei dem das Männchen zunächst – tanzt! Ja, es tänzelt vor seiner Auserwählten und berührt sie vorsichtig, immer auf ein Zeichen wartend, dass sie ihn erhört. Ist sie bereit, ihn als Vater ihrer Nachkommen zu akzeptieren, dann beginnt das Männchen zu spinnen. Es spinnt einige Fäden schräg von einer Wand zum Boden und legt darunter seinen Samen als Paket ab. Nun heißt es, die zukünftige Mutter seiner Kinder unter die Fäden zu locken. Ist dies gelungen, tastet das Weibchen mit seinem Hinterleib nach dem Samenpaket und nimmt es auf. Indirekte Samenübertragung nennt sich das Ganze.

Gemach, gemach

Ein Silberfischchen kann sich recht rasch bewegen, etwa wenn es bei einer nächtlichen Fresstour durch Licht gestört wird. Doch in ihrer Entwicklung und Vermehrung sind die kleinen Silbernen eher gemächlich unterwegs, auch ein Grund, warum Silberfischchenplagen recht selten sind. Etwa einhundert Eier legt ein Weibchen im Laufe seines gesamten Lebens, das zwischen zwei und acht Jahre dauern kann. Je nach Lebensumständen (Temperatur, Luftfeuchtigkeit, Nahrungsangebot) entwickelt sich ein Silberfischchen vom Ei bis zum erwachsenen Tier innerhalb von vier Monaten bis zu drei Jahren.

Nützlich? Nützlich!

Tauchen vereinzelte Silberfischchen in Bad oder Küche auf, dann ist das kein Anlass, den Kammerjäger zu holen. Im Gegenteil: Silberfischchen ernähren sich unter anderem von Schimmelpilzen, das heißt, sie vermindern ihn, was uns sehr recht sein kann. So gesehen sind sie Nützlinge. Im Umkehrschluss heißt dies, dass ihr Vorhandensein Schimmelbefall bedeuten kann. Einzelne Fischchen weisen auf wenig bis gar keinen Schimmel hin, denn sie fressen ja nicht nur Schimmelpilze. Kommt es jedoch zu einem Massenauftreten, dann kann ein starker Schimmelbefall vorliegen und das Feuchtigkeitsproblem groß sein.

Sehr gerne frisst das Silberfischchen auch Zucker – deshalb nannte man es früher „Zuckergast", sein lateinischer Name trägt das Wort für Zucker, saccharum, in sich: Lepisma saccharina (Lepisma bedeutet Schuppen). Außerdem vertilgt es auch Hausstaubmilben, wofür man es ebenfalls als Nützling einstufen könnte. Grundsätzlich frisst es alle stärke- und glukosehaltige Materialien. Das können neben Lebensmitteln auch Textilien, Klebstoffe oder Bücher sein. Silberfischchen sind der Schrecken feuchter Bibliotheken, sie gelten als Bibliothekszerstörer.

Gefährlich sind Silberfischchen nicht, sie übertragen keine Krankheiten und gelten nicht als Schädlinge.

Metamorphose

Wie wachsen eigentlich Insekten, obwohl sie meist einen Chitinpanzer tragen? Während sie wachsen, wächst die feste Hülle nicht mit, den Tieren wird es rasch zu eng. Also müssen sie ihre Hülle ablegen, sie müssen sich häuten, wenn diese zu klein wird. Im Laufe der Evolution haben sich zwei Arten der Entwicklung herausgebildet: die vollständige und die unvollständige.

Bei der vollständigen Entwicklung unterscheiden sich die einzelnen Stadien derart, dass man glauben könnte, es handele sich um verschiedene Tiere. Ein Beispiel ist der Schmetterling: Er legt ein Ei, aus dem eine Raupe schlüpft, die sich verpuppt und zum Schmetterling wird.

Bei der unvollständigen Entwicklung, wie sie das Silberfischchen durchläuft, schlüpft aus dem Ei ein Tier, das seinen Eltern sehr ähnlich ist. Es häutet sich mehrfach, bis es erwachsen ist. Manche Körperteile entstehen erst im Laufe der Entwicklung, etwa die Geschlechtsorgane oder die Flügel – beim Silberfischchen etwa bilden sich erst mit der dritten Larvenhäutung die Schuppen. Zudem gibt es bei ihm eine Besonderheit: Auch die erwachsenen Tiere häuten sich noch etwa viermal im Jahr.

Die Häutung ist sehr anstrengend und zudem gefährlich. Das Tier ist zunächst nur von einer weichen Haut umgeben, die noch aushärten muss, was es zu einer leichten Beute für Fressfeinde macht.

Besser als jede Kuh

Nur wenige können es, das Silberfischchen gehört dazu: Es kann ohne Hilfe Zellulose verdauen. Zellulose, die sich in pflanzlichen Zellwänden befindet, ist ein Vielfachzucker. Sie besteht aus vielen Hunderten bis Tausenden Zuckermolekülen (Glucose), die fest miteinander verbunden sind. Da sie Bestandteil der pflanzlichen Zellwände ist, fressen Pflanzenfresser sie andauernd. Doch die langen Ketten zu verdauen, ist nicht einfach. Die meisten Tiere können dies nicht selbst, sondern nur mithilfe bestimmter Bakterien oder Pilze, die Stoffe zur Zerlegung der Zellulose bilden. Für uns Menschen ist sie ein Ballaststoff. Wir sind nicht in der Lage, sie zu verdauen, denn wir bilden weder selbst die Stoffe noch tragen wir die passenden Bakterien in uns. Kühe beherbergen in ihrem Verdauungstrakt Bakterien, die sich um die Zerlegung der Zellulose kümmern und sie so für ihren Wirt nutzbar machen. Diese Hilfe brauchen Silberfischchen nicht. Sie produzieren selbst Enzyme (Cellulasen), mit denen sie die Zellulose verwerten können. So können sie ohne Bakterien im Darm das Baumwoll-T-Shirt anknabbern und die Tapete vertilgen. Außer dem Silberfischchen können das zum Beispiel noch Grashüpfer und die meisten höheren Termiten (andere Termiten legen einen speziellen Pilzgarten an und fressen immer etwas von den Pilzen gemeinsam mit zellulosehaltiger Nahrung).

Silbern und schnittig

Das Silberfischchen ist nicht unbedingt als schön zu bezeichnen – aber das liegt ja immer im Auge des Betrachters. Insgeheim träumt jedoch so mancher Mann von einer Silberfischchenfigur: breite Brust, zum Gesäß hin immer schmaler werdend. Doch sicher träumt er nicht von langen Antennen und drei borstenartigen Fortsätzen am Körperende. Die sind jedoch wichtig für das Silberfischchen, denn sie sind Sinnesorgane, mit denen es Geruchs- und Geschmacksstoffe wahrnehmen kann, und die empfindlich auf Berührung reagieren.

Übrigens ist die Körperform dieser Insekten immer mal wieder für ältere Automobile spitznamengebend. So etwa in den 1930er-Jahren, als man mit den Silberpfeilen von Mercedes-Benz und in den Silberfischchen der Auto-Union Rennen fuhr. Auch ein Franzose, der Re-

Der Mercedes-Benz-Silberpfeil der 30er-Jahre, fast ebenso schnittig wie ein Silberfischchen.

nault-Tuner Autobleu aus der Zeit nach dem Zweiten Weltkrieg trägt zuweilen diesen Kosenamen.

Das Silberfischchen glänzt metallisch, weil es am ganzen Körper mit silbernen Schuppen besetzt ist. Die Schuppen sind dachziegelartig übereinandergelegt und reagieren auf Berührung, das heißt, sie fungieren als (sogenannte) Mechanorezeptoren. Etwa 40000 Schuppen bedecken ein winziges Silberfischchen und schützen es unter anderem vor Fressfeinden: Bei einem Angriff entwischt es im günstigsten Falle, und der Gegner hat nur Schuppen im Maul oder an den Fingern. Eine glänzende und gleichzeitig raffinierte Schutzhülle.

R. K.

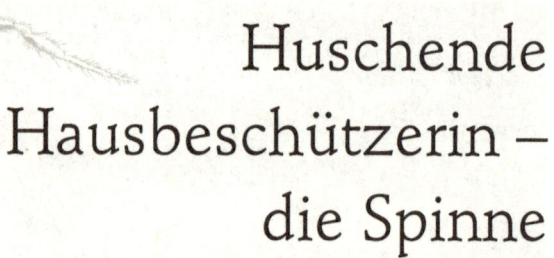

Huschende
Hausbeschützerin –
die Spinne

Wenn an sonnigen Herbsttagen silbrige Fäden durch die Luft schweben, sprechen wir vom Altweiber-, Marien- oder Fadensommer. Die Fäden wurden je nach Zeit und Ort unterschiedlich gedeutet: beispielsweise als Spinnwerk der Schicksalsgöttinnen oder als Teile des Mantels der Mutter Jesu und daher als Mariengarn oder Marienseide. In Schweden galten sie als Gespinste von Elfen und Zwergen. In Japan nennt man diese Zeit „Yukimukae". Das heißt übersetzt die „Zeit der Schneevorboten". Und tatsächlich handelt es sich um die letzte warme Hochdruckphase des Jahres. Während wir uns vom Sommer verabschieden, verabschieden sich auch unzählige winzig kleine Spinnen – und zwar von ihrem Geburtsort, denn für sie ist jetzt die Zeit des großen Aufbruchs. Spinne bedeutet die „Fadenziehende" und so krabbelt eine jede auf eine Erhöhung, beispielsweise einen Zaunpfahl oder einen Busch und presst einen seidenen Faden aus, der vom nächsten Lufthauch ergriffen wird. Ist der Zug am Faden stark genug, dreht sie sich um, hält sich an ihm fest und fliegt fort. Willkommen im Fadensommer!

Luftfahrer

Zwar kann eine Spinne die Flugrichtung nicht beeinflussen, wohl aber die Flugdauer: Eine Landung kann sie beschleunigen, indem sie den Faden zwischen den Beinen aufrollt. Um weiterzufliegen, muss sie den Faden verlängern. Das „Luftschiffen" oder „Ballooning" genannte Phänomen hilft zahlreichen Spinnenarten bei der Ausbreitung. Auf diese Weise werden auch Lebensräume nach Naturkatastrophen

neu besiedelt, so geschehen auf der indonesischen Vulkaninsel Kraka-
tau. Bereits ein Jahr nach der verheerenden Explosion des Jahres 1883
konnte dort eine Spinne nachgewiesen werden. Schon dem berühm-
ten Naturforscher Charles Darwin war auf seiner großen Reise aufgefallen, dass sich auf einmal unzählige winzige Spinnen an Bord des
Forschungsschiffs tummelten, obwohl dieses etwa hundert Kilometer
vom Festland entfernt war. Manche Spinnen erleben wahre Höhen-
flüge, denn selbst im sogenannten Luftplankton in bis zu 5000 Metern
Höhe schweben sie umher.

Hausbesetzer

Im Herbst ziehen sich nicht nur Menschen immer mehr in die Häuser zurück, auch viele Spinnen suchen jetzt nach einem geschützten
Ort, an dem es sich gut überwintern lässt. Doch gerade bei großen
Exemplaren, wie der – ohne Beine – bis zu knapp zwei Zentimeter
messenden Hauswinkelspinne, ist die Akzeptanz der Menschen eher
gering, wenn sie sie in der Badewanne oder in der Zimmerecke entdecken. Denn den meisten von uns sind Spinnen nicht geheuer: Ihre
Andersartigkeit mit acht langen Beinen, einem haarigen Körper und
einer äußerst wendigen Bewegungsweise lässt uns die Tiere meiden,
die bereits in Brehms Tierleben aus dem 19. Jahrhundert nicht sonderlich gut wegkommen als „jene kleinen Finsterlinge, welche man
Spinnen nennt".

Spinnen-Specials

Spinnen unterscheiden sich von Insekten schon dadurch, dass ihr Körper lediglich aus zwei statt aus drei Teilen besteht, nämlich aus einem
Vorder- und einem Hinterkörper. Wem die acht Spinnenbeine zu viel
sind, dem sei gesagt: Es hätten auch mehr werden können. Doch im
Laufe der Spinnen-Evolution sind aus ehemaligen Gliedmaßen hoch
spezialisierte Körperteile entstanden, beispielsweise die Spinnwarzen
am Hinterleib, die aus unzähligen winzigen Spinnspulen zusammengesetzt sind und je nach Erfordernissen glatte, gekräuselte, klebrige
und sogar unterschiedlich gefärbte Fäden erzeugen.

Die Spinnenbeine verfügen im Gegensatz zu denen von Insekten über ein Segment mehr, nämlich über insgesamt sieben. Dadurch wird die Beweglichkeit der Spinnen deutlich erhöht. Die Behaarung der Beine ist lebensnotwendig, denn mit ihnen kann die Spinne ihre Umgebung wahrnehmen: Hier finden sich Haare zum Tasten, Schmecken und sogar zum Hören. Vibrationen können Spinnen mit den hier besonders häufig vorkommenden lyraförmigen Organen wahrnehmen, die in ihrer Form dem antiken Zupfinstrument ähneln.

Zum Wohl!

Sie heißen übersetzt Scheren oder Klauen und sehen auch so aus: die Mundwerkzeuge der Spinnen. Bei den meisten Arten mündet an ihrer Spitze eine Giftdrüse, um die Beute zu töten. Doch keine Sorge: Die meisten einheimischen Spinnen können die menschliche Haut nicht durchdringen. Eine Ausnahme bildet der unter anderem im Rheintal vorkommende wärmeliebende Dornfinger.

Spinnen haben erstaunlicherweise keine große Klappe, ihre Mundöffnung ist so winzig, dass nur flüssige Nahrung beziehungsweise Partikel bis zu einer Größe von etwa 1 Mikrometer, also 1/1000 Millimeter, aufgenommen werden können. Daher speien Spinnen enzymhaltigen Speichel auf die Mahlzeit, verflüssigen sie so und saugen sie dann ein.

Acht Augen

Auf Augenhöhe mit einer Spinne kann man sich schnell beobachtet fühlen. Denn sie besitzt gleich mehrere, standardmäßig acht kleine Augen, die in zwei Reihen angeordnet sind. Bei den Springspinnen ermöglicht eine Kombination aus nach vorne und zur Seite gerichteten Augen den sprichwörtlichen Überblick: Nimmt die schwarz-weiße Zebraspringspinne seitlich ein potenzielles Beutetier wahr, dreht sie sich und richtet die mittleren stark vergrößerten Frontalaugen auf das Objekt. Dank verschiebbarer Netzhäute kann sie es im Nahbereich exakt fokussieren und so Feind von Fraß unterscheiden.

Samenspende

Die Geschlechtsorgane sitzen hinten, die Begattungsorgane vorne – kann das gut gehen? Ja, es kann, denn das Spinnenmännchen spinnt ein kleines Netz, auf das es einen Spermatropfen platziert, den es dann zu den beiden laufbeinähnlichen Tastern am Vorderkörper verfrachtet. Hier sitzen die an Boxhandschuhe erinnernden Bulben, die das Sperma aufsaugen. Bei der Großen Zitterspinne spannt das Männchen lediglich einen Faden zwischen dem dritten Beinpaar und reibt diesen wiederholt über seine Geschlechtsöffnung, bis Sperma austritt. Faden und Fracht werden dann über die Mundwerkzeuge an die Bulben durchgereicht. Nun kann die Suche nach einer Partnerin beginnen. Dabei verfolgt es mithilfe seiner grubenförmigen Duftsinnesorgane an den Füßen die Spuren, die paarungsbereite Weibchen mit lockstoffgetränkten Fäden gelegt haben.

Zittern und Zupfen

Bei der Großen Zitterspinne nähert sich das Männchen unter heftigen Zitterbewegungen mit weit nach außen abgespreizten Tastern von oben her dem bäuchlings zur Decke hängenden Weibchen. Bei der Paarung führt es seine überdimensional großen Taster in die weibliche Geschlechtsöffnung ein. Bei vielen Arten tragen die Weibchen eine speziell geformte Platte über der Geschlechtsöffnung, in die die Bulbusspitze des artgleichen Männchens passt wie ein Schlüssel in ein Schloss.

Bei der Gartenkreuzspinne knüpfen die Männchen im Wortsinn Kontakte, indem sie einen Faden an das weibliche Radnetz anbringen und durch sanftes Zupfen auf sich aufmerksam machen.

Ein Hauswinkelspinnenmännchen zuckt bei der Balz heftig mit den Tastern und dem Hinterleib und paart sich dann mitunter über Stunden, wobei es alle paar Minuten den Taster wechselt. Zwischendurch pausieren die Partner auch und sitzen ruhig nebeneinander.

Behutsame Annäherungsversuche sind auch ein Selbstschutz, denn bei einigen Spinnenarten kann der Gatte nach der Paarung zum willkommenen Snack werden. Dass Spinnen einander verzehren, spiegelt sich sprachlich in der Bezeichnung „spinnefeind" wider.

Babytrage

Das Weibchen der Großen Zitterspinne legt bis zu 50 hellrosafarbene Eier, die es nicht sich selbst überlässt, sondern in einem nur 4 Millimeter messenden Kokon aus wenigen Fäden in seinen Mundwerkzeugen umherträgt.

Kurz vor dem Schlupf kann man die Beinchen der Jungspinnen deutlich durch die Eihülle schimmern sehen. Nach dem Schlupf klettern die Kleinen auf den Kokon und werden dann von der Mutter im Fangnetz abgesetzt.

Zitterpartie

Bei Zitterspinnen ist der Name Programm. Der im Netz hängende Körper wird bei Gefahr in kreisförmige Schwingungen versetzt. So verschwimmt das Tier vor dem Auge des Betrachters. Doch damit nicht genug: Zitterspinnen werfen auch mal ein – bei ausgewachsenen

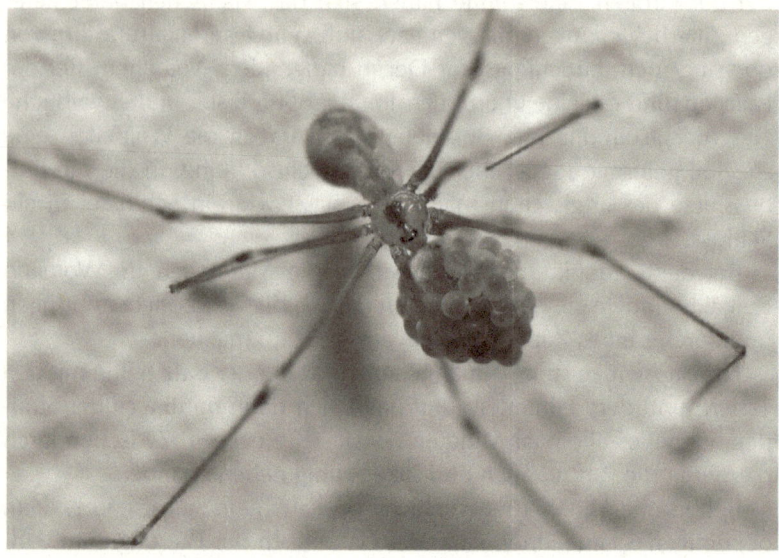

Zitterspinne mit Eikokon

Exemplaren nicht mehr nachwachsendes – Bein ab, das weiterzuckt und für lebensrettende Ablenkung sorgen kann. Zudem kommunizieren Zitterspinnen über ihr sprichwörtliches Heimnetzwerk, wie jeder leicht feststellen kann, der vorsichtig an einem Faden der mitunter ganze Garagendecken überziehenden Gespinste zupft.

Netze

Bei Spinnennetzen denkt man meistens an das typische Radnetz, wie es beispielsweise die Gartenkreuzspinne baut. Doch daneben gibt es jede Menge anderer Netztypen wie Baldachinnetze, die im Herbst taubehangen in der Sonne glitzern, oder Trichternetze, in die sich Hauswinkelspinnen zurückziehen.

Doch wie schafft es eine Spinne, nicht selbst zum Opfer der eigenen Fangvorrichtung zu werden? Zum einen scheint sie die mit kleinen klebrigen Tröpfchen bestückten Bereiche zu meiden und vorzugsweise die nicht klebenden Fäden zu nutzen. Zum anderen werden die Füßchen möglichst nicht ganz aufgesetzt. Dabei helfen unzählige kleinste Härchen, die die Kontaktfläche mit dem Untergrund minimieren. Außerdem sind sie mit einer öligen Oberfläche bedeckt, die den Kleber abweist.

Traum in Seide

Spinnenseide ist ein echter Wunderstoff: leicht, dünn, hoch elastisch und extrem belastbar. Dehnt man einen Faden auf das Dreifache seiner ursprünglichen Länge, zerreißt er nicht. Grund hierfür ist die extrem hohe Wasserkapazität. Spinnenseide ist daher interessant für den Einsatz in medizinischen und anderen Bereichen. Spinnen zur Seidenproduktion in Massen zu halten, scheitert aber an ihrem Hang zu Kannibalismus. Daher gibt es immer wieder Versuche, die Fasern im Labor detailgetreu nachzubauen. Perfekte Seide produzieren bisher aber nur die Spinnen.

Hoch hinaus und high

In den 1970er-Jahren schickte die NASA zwei Gartenkreuzspinnen ins All. Sie bauten dort ansehnliche Netze, lediglich der auf der Erde stets konstante Durchmesser der Spinnfäden variierte in der Schwerelosigkeit.

Unter Drogeneinfluss kann es aber passieren, dass Spinnen im Wortsinne den Faden verlieren. Marihuana bewirkt, dass Spinnen ihre Netze nicht zu Ende bauen können. Unter Koffeineinfluss hingegen schlingen sie die Fäden scheinbar wahllos ineinander.

Wetterboten und Wächter

Spinnen halten uns nicht nur unzählige Insekten vom Leib, sie können auch als Wetterpropheten dienen. Die wetterfühligen Kreuzspinnen beginnen an Tagen mit hoher Regenwahrscheinlichkeit gar nicht erst mit dem Netzbau.

Daher rührt auch die Wetterregel: „Wenn sie morgens spinnt/am Tag kein Regen rinnt." Einer Kreuzspinne und ihrem Netz tat man von alters her nichts zuleide, sie galt als Glücksbringer und Beschützerin von Haus und Hof vor Blitzschlag. Na, dann: Auf gute Nachbarschaft!

C. H.

Kreuzspinne im Netz

Trunkener Partygast – die Fruchtfliege

Kulturfolger – so nennt man Tiere und Pflanzen, die durch die Nähe des Menschen Vorteile haben und sich deshalb in seiner Umgebung aufhalten. Die Fruchtfliege ist ein solcher Kulturfolger. Im Freiland nehmen wir sie kaum wahr. Doch in unseren vier Wänden fällt sie als unwillkommener Besucher auf, wird allzu leicht heimisch und kann sich explosionsartig vermehren. Während wir sie in unseren Wohnungen verzweifelt jagen, ist sie in vielen Laboren auf der ganzen Welt sehr beliebt, denn sie ist eines der erfolgreichsten Labortiere, die es gibt.

Verschiedene Identitäten

Der Name „Fruchtfliege" ist quasi ihr Pseudonym: Die Fruchtfliege ist gar keine Frucht-, sondern offiziell eine Taufliege und so soll sie in diesem Kapitel auch weiterhin heißen. Taufliege, das klingt ziemlich hübsch und spielt darauf an, dass sie in der freien Natur häufig gesichtet wird, wenn es Tau gibt. Ihre anderen Namen haben alle mit ihren Gelüsten zu tun. Ihre geläufigste Bezeichnung Frucht- und Obstfliege hat sie natürlich erhalten, weil sie an reifenden und reifen Früchten frisst und ihre Eier in sie ablegt, aber ebenso an faulendem Obst (Gärfliege). Sie liebt Essig, weshalb sie auch Essigfliege heißt, und natürlich Frucht- und Gemüsesäfte, was ihr den Namen Mostfliege einbrachte.

Markantes Äußeres

Wenn man kein Forscher ist, hat man die Taufliege wohl kaum je von Nahem angesehen, dazu ist sie auch zu klein und zu schnell – und zu schnell platt, falls man sie erwischt. Hat man jedoch die Chance, sie einmal lebendig oder nicht zerquetscht unter die Lupe zu nehmen, dann

Die großen Komplex-augen der kleinen Fliege setzen sich aus vielen Einzellinsen zusammen und sind leuchtend rot.

kann man eine unerwartet auffallende Erscheinung bewundern. Charakteristisch sind ihre großen roten Augen: aus vielen einzelnen Seheinheiten zusammengesetzte Komplex- oder Facettenaugen. Sie stechen wahrlich hervor und geben der Taufliege durch die überraschende Farbe ein etwas surreales Äußeres. Der Rest der Fliege ist eher unauffällig: Ihr Körper ist hell, goldfarben-bräunlich, auf dem Rücken erscheinen schwarze Streifen, die zum Hinterleib hin dominanter werden. Einzelne Haare und die langen Flügel runden das Erscheinungsbild ab.

Rasante Vermehrung

Da leert man einmal nicht sofort den Biomüll, und schon schwirren einem gefühlt hundert Taufliegen um die Nase. Gar kein falsches Gefühl, denn die kleinen Insekten vermehren sich mit einer atemberaubenden Geschwindigkeit. Von der Eiablage bis hin zur erwachsenen Fliege kann im besten Fall, falls um die 29 °C herrschen, nur eine Woche vergehen. Ist es kühler, muss man auf die nächste Generation bis zu zwei Wochen warten. Bereits etwa zehn Tage nachdem sie aus ihrer Puppenhülle geschlüpft ist, kann eine weibliche Taufliege begattet werden und einen Tag später bis zu 400 Eier legen.

Häufig scheinen die Fliegen aus dem Nichts zu kommen. Doch dann haben wir meist reife Früchte gekauft, an denen sich Eier oder Larven befinden, und sie uns so unabsichtlich in unsere Küche geholt. Außerhalb des Hauses lieben sie Komposthaufen, in denen es nicht rottet, sondern fault.

Magier des Fluges

Bioniker staunen über die Flugfertigkeit vieler Insekten, aber sie verzweifeln auch daran. Bisher ist es noch keinem Ingenieur gelungen, ihre Flugmanöver zu imitieren. Ob rasante Fluggeschwindigkeit, spontanes Ausweichen (etwa der Fliegenklatsche), rückwärts landen auf der Zimmerdecke, Salto und Kapriolen in der Luft oder Beschleunigungen, bei denen manchem Formel-1-Piloten schlecht würde – für Insekten eine Selbstverständlichkeit, selbst bei starkem Wind oder gefangener Beute im Schlepptau.

Die Luft, die uns nicht vorhanden erscheint, so leicht und luftig, diese Luft ist für die kleinen Flugkünstler gleich einer zähen Flüssigkeit. Der Flug eines Insekts ist damit zu vergleichen, wie wenn wir in Wasser oder, noch passender, Öl schwimmen. In diesem „Öl" müssen sie sich immer anstrengen, um in der Luft zu bleiben – nichts ist's mit einem eleganten Gleitflug, wie ihn die Vögel vormachen.

Um in dieser dickflüssigen Umgebung nach oben zu kommen – und oben zu bleiben – schlagen sie nicht nur mit ihren Flügeln, sie drehen sie dabei auch noch, sodass sie in die Luft schneiden. Dadurch erzeugen sie Wirbel, die sie durch die Lüfte tragen.

Das sieht im Einzelnen so aus: Die Flügel bewegen sich nach oben mit einem sehr steilen Anstellwinkel. Auf der obersten Stellung kippen die Flügel und bewegen sich wieder nach unten, wo sie wieder kippen und nach oben ziehen. Das geschieht rasend schnell: 400 bis 500 Schläge pro Sekunde sind keine Seltenheit, manche Insekten schlagen gar bis zu 1000mal pro Sekunde mit den Flügeln.

Einfache Fallen

Taufliegen nerven nicht nur, sie verkürzen auch die Haltbarkeit von Lebensmitteln, weil sie die Fäulnisbildung der Früchte beschleunigen. Zudem können sie Keime verbreiten. Gerade im Sommer, wenn viel frisches Obst und immer mal wieder Obstreste und -schalen in der Wohnung liegen, machen sie sich über diese Köstlichkeiten her.

Wegen der rasanten Vermehrungsrate kann es passieren, dass man innerhalb weniger Wochen eine Plage hat. Was tun? Für teures Geld werden spezielle Fallen angeboten, aber die sind nicht nötig. Es genügt, wenn man Fruchtsaft, Wein oder Essig in ein Gefäß füllt und etwas Spülmittel hinzugibt – das senkt die Oberflächenspannung der Flüssigkeit und die Fliegen ertrinken. Wählt man zudem ein Gefäß mit enger Öffnung, zum Beispiel eine Flasche, dann können weniger Fliegen fliehen. Was man aber grundsätzlich machen kann, ist, Früchte und Gemüsesorten, die das vertragen, im Kühlschrank aufzubewahren, den Biomüll rasch zu entsorgen (oder zumindest fest verschlossen zu halten), den Abfluss der Spüle penibel sauber zu halten und regelmäßig zu lüften.

Eine sehr dekorative und natürliche Art, Taufliegen zu reduzieren, sind fleischfressende Pflanzen. Fettkraut und Sonnentau sind ziemlich effizient. Der Venusfliegenfalle jedoch könnten die kleinen Taufliegen vielleicht entkommen. Die Falle schnappt gar nicht erst zu, wenn die Fliegen zu klein und leicht sind.

Erst klebt die Fliege, dann rollen sich die Blätter um sie, dann wird sie verdaut. Der Sonnentau ist mit seinen aktiven Klebfallen eine effektive und schöne Fliegenfalle.

Drosophilisten und ihr Haustier

Es gibt Menschen, die sich für Fliegen begeistern. Warum auch nicht, es muss ja nicht immer der Hund sein. Meist befällt die Fliegenbegeisterung Forscher, die sich dann selbst stolz Drosophilisten nennen, nach dem Gattungsname der Taufliege *Drosophila*, die Tauliebende. Schon seit dem Anfang des letzten Jahrhunderts sind Wissenschaftler der Taufliege regelrecht verfallen. Die Begeisterung hat ihre Gründe, denn mithilfe der kleinen Taufliege wurde die Grundlage für die moderne Genetik gelegt. So lange Zeit schon wird mit ihr geforscht, so lange wird sie in Laboren auf der ganzen Welt gezüchtet, so lange, dass sie sich zu einem der unentbehrlichsten Modellorganismen der Forschung entwickelt hat. Sie wird deshalb auch das Haustier der Laborforscher genannt.

Die Taufliege ist in den Laboren so beliebt, weil sie unkompliziert und billig zu halten ist und sich rasch vermehrt. Mittlerweile weiß man unendlich viel über sie und es ist sehr einfach, mit ihr zu planen und zu forschen. Sie lässt sich gentechnisch leicht verändern und inzwischen spielen Forscher mit ihren Genen wie mit Perlen an einer Kette: Sie entfernen Perlen, sie verändern und vertauschen sie. Man hat gezielt Mutanten der Taufliege gezüchtet, hat Augen- und Körperfarbe verändert sowie ihre Flügelformen variiert.

Die Taufliege ist eines der unentbehrlichen Modelle in der Genetik und Entwicklungsbiologie. All das ist nicht nur Grundlagenforschung. Die Bereiche, die mit ihrer Hilfe erforscht wurden, sind kaum aufzuzählen. Um nur zwei Beispiele zu nennen, bei denen ihr Beitrag von Bedeutung war: die Vererbungsregeln und die Embryonalentwicklung (wie entsteht aus einer einzelnen, befruchteten Eizelle ein hochkomplexes Lebewesen?). Seit Längerem nutzt man sie, um etwa an neurodegenerativen Erkrankungen, zum Beispiel Alzheimer und Parkinson, zu forschen, an Krebstherapien oder Schlafstörungen. Kurz, die kleine Taufliege, die uns häufig so nervt, ist ein wissenschaftlicher Riese.

Modellorganismen

In der Forschung kann man auf sogenannte Modellorganismen nicht verzichten. Diese sind sowohl Bakterien (etwa das Darmbakterium *Escherichia coli*), Pilze (z. B. der Schimmelpilz), Pflanzen (die Ackerschmalwand, auch Gänserauke genannt, ist die bedeutendste Modellpflanze der Genomforschung) und auch Tiere.

Bakterien, Pilze und Pflanzen sind noch verhältnismäßig leicht im Labor bzw. im Gewächshaus zu halten. Aber mit Tieren kann es ganz schön kompliziert und aufwendig werden. Deshalb müssen Tiere, die als Modellorganismen verwendet werden, einige Kriterien erfüllen: Sie sollten nicht viel Platz und keine Unmengen an Futter benötigen und außerdem sollten sie sich rasch vermehren. Also sind es meist kleine Tiere, die innerhalb weniger Wochen oder Monate die nächste Generation mit möglichst vielen Nachkommen hervorbringen.

Unter den Modellorganismen befinden sich unbekanntere Lebewesen wie etwa der Essigaal. Ein klarer Vorteil für die Forscher ist, dass er durchsichtig ist. Sie können also direkt unter dem Mikroskop die Zellen und Organe im lebenden Tier beobachten. Oder der Krallenfrosch, mit dem früher ein Schwangerschaftstest durchgeführt wurde. Ein weiterer ist der Zebrafisch – hier arbeiten die Forscher mit vielen durchsichtigen und großen Embryonen und erfreuen sich daran, dass er sich in etwa 24 Stunden vom befruchteten Ei zur Larve entwickelt. Aber Modellorganismen sind auch bekannte Tiere wie die Maus und das Meerschweinchen. Je näher das Tier dem Menschen steht, desto eher kann man aus den Experimenten Erkenntnisse über menschliche Krankheiten ziehen.

R. K.

Unsichtbarer Stubenhocker – der Holzwurm

Ein antikes Möbelstück mit verräterischen Löchern und einem winzigen Häufchen Holzmehl darunter oder ein stilles, altes Holzhaus, aus dessen Wänden ein unheimliches Pochen ertönt – dies könnten untrügliche Indizien für einen Holzwurmbefall sein. Denn so manches Holzwurmheer nagt sich klammheimlich durch Kommoden, Holzfiguren oder Dachgebälk. Dabei handelt es sich im zoologischen Sinne gar nicht um Würmer, sondern um Käfer, genauer gesagt deren wurmähnliche Kinderschar, die Larven. Wie so oft bei Tierbezeichnungen gibt es nicht den einen und einzigen Holzwurm. Dahinter versteckt sich vielmehr eine Fülle unterschiedlichster Käferarten, die sich zumindest zeitweise in Holz häuslich einrichten, je nach Art und Umständen im Wald, in der Werkstatt oder Wohnung.

Tickende Totenuhr

Vor allem die akustischen Hinweise auf verborgene Untermieter wurden in früheren Zeiten mit dem Tod in Verbindung gebracht. Klopfte es rhythmisch im Gebälk, so sagte man, dass die Totenuhr ticke und somit ein Todesfall bevorstehe. In der Luzerner Pestverordnung wird das Klopfen im 16. Jahrhundert sogar amtlich als Todeszeichen genannt. Daher rührt die deutsche Bezeichnung Totenuhr für einen Holzbesiedler, der wegen der gelbgrauen Flügelflecken auch Bunter Klopfkäfer oder Scheckiger Pochkäfer heißt. In Bayern wird die Art auch als Dengelmann bezeichnet. Im deutschen Namen der zoologischen Familie klingt das ohrenfällige Merkmal buchstäblich an: Dieser lautet wahlweise Nagekäfer, Pochkäfer oder Klopfkäfer.

Headbanger im Holz

Dass das Klopfen etwas mit Kommunikation zu tun haben muss, dachten sich bereits die Alten Griechen. Die griechische Mythologie kennt einen Seher namens Melampus, der die Sprache der Tiere verstand, auch die der Pochkäfer. So hörte er im Gefängnis, wie diese im Deckengebälk einander erzählten, dass das Dach in nächster Zeit einstürzen werde. Seinem Wunsch nach Verlegung in ein anderes Gefängnis wurde stattgegeben, und bald darauf kam es zu dem angekündigten Einsturz. Tatsächlich dient das Klopfen der Kommunikation zwischen den Käfern, sowohl in puncto Annäherung als auch in puncto Abgrenzung: Denn es ermöglicht die Kontaktaufnahme zwischen potenziellen Partnern und verhilft wohl auch zum Abstecken von Territorien. Vor allem in der Fortpflanzungszeit wird geklopft. Hierfür legen die Tiere ihre Fühler an, heben den Vorderleib an und schlagen mit der Stirn auf den Boden des Bohrgangs – sozusagen Holzwurm-Headbanging. Manche Arten klopfen mehrmals pro Sekunde und antworten sogar auf künstlich erzeugte Klopfserien. Ohren haben die Käfer zwar keine, aber sie spüren die Vibrationen.

Spätholz ess ich nicht!

Den Totenuhr-Larven schmecken Skulpturen und Schnitzwerk weniger gut, sie haben ein Faible für feuchtes Konstruktionsholz, in dem sich bereits Pilze niedergelassen haben. Vor allem in alten Eichenbalken sind sie zu finden. Das Weibchen legt die bis zu 60, ausnahmsweise auch 200 perlweißen Eier in mehreren Gelegen in Dreier- bis Vierergruppen ab. Die Eier sind bis zu 0,7 Millimeter lang und ähneln winzigen Zitronen. Die nach fünf Wochen schlüpfenden Larven sind sehr lebhaft und zappeln zunächst noch eine ganze Weile auf der Holzoberfläche, bevor sie in den hölzernen Untergrund abtauchen. Auch bei Käferkindern gibt es Parallelen zum Verhältnis vieler Menschenkinder zu Spaghetti und Spinat. So fressen sie bevorzugt die weicheren Frühholzanteile, also jenen Teil des Holzes, der zu Lebzeiten des Baumes im Frühjahr gewachsen ist. Das später gewachsene härtere Holz hingegen verschmähen sie, sodass eine zerklüftete Holzlandschaft entsteht. Unter günstigen Umständen, also optimalen Temperaturen zwischen 22 und 25 °C sowie einer Luftfeuchtigkeit über 25 Prozent, dauert die Kinderzeit ein bis zwei Jahre. Bei ungünstigen Bedingungen können zehn und mehr Jahre vergehen, bis nach dem Schlupf aus der Puppenhülle das Klopfen der Käfer ertönt.

Digestif von Mama

Um Holz verdauen zu können, braucht es spezielle Eiweiße, die in der Lage sind, den Vielfachzucker der pflanzlichen Zellwände, die Zellulose, zu spalten. Die Zellulose-Zerleger können nur einige der Bockkäfer- und Pochkäferarten selbst produzieren. Bei den übrigen finden sich helfende Mikroorganismen wie Bakterien und hefeähnliche Lebewesen in Aussackungen des Mitteldarms, die das können. Diese Helfer erhalten die Käfer schon zu Beginn ihres Lebens. Kurz nach ihrem Schlupf aus der Puppenhülle lagern Weibchen die mikroskopisch kleinen Wohltäter in langen Schläuchen nahe am Legeapparat ein, wo sie bis zur Geschlechtsreife bleiben. Bei der Ablage der Eier werden diese mit dem Helferheer bestrichen. Die geschlüpften Larven fressen Teile der Eischale und nehmen so die lebenswichtigen Mikroorganismen auf.

Lang Larve ...

Ein ganz heimlicher Holzwurm ist der Hausbockkäfer. Manchmal wölbt sich eine Holzoberfläche verräterisch nach oben und kündet von Tunnelarbeiten im Tisch. Denn Hausbockkäfer werkeln von außen kaum sichtbar und oft jahrelang unbehelligt vor sich hin.

Alles beginnt mit einem befruchteten Weibchen, das bis zu 600 etwa zwei Millimeter lange, weiß schillernde Eier in kleinste Ritzen und Spalten legt, die mitunter weniger als einen Millimeter breit sind. Hierfür besitzt das Weibchen eine Legeröhre, die es in kleinste Vertiefungen versenken kann. Die nach zwei bis vier Wochen schlüpfenden Larven nagen sich mit ihren auffällig kräftigen, dunkelbraunen Mundwerkzeugen in die eiweißreichen äußeren Holzschichten, das sogenannte Splintholz, ein.

Hausbocklarve

Hier entstehen Tunnelsysteme, deren Wände durch die Nagetätig-keit feine Rillen aufweisen. Die Gänge sind mit Nagemehl angefüllt, das beim Aufspalten des Holzes fein stäubt. Der Larvenkot ähnelt in Form und Farbe Holzpellets im Miniaturformat. Holzbocklarven fres-sen während ihrer drei- bis maximal 15-jährigen Larvenzeit nur an Nadelhölzern, da Laubhölzer für sie giftig sind. Die Verpuppung findet meist im Frühling statt und ist nach lediglich einem Monat beendet.

... und kurz Käfer

Nur etwa fünf Wochen dauert das Käferdasein. Mit dem Herausnagen aus der Kinderstube und der Entstehung von vier mal sieben Millime-ter großen Schlupflöchern wird die Besiedlung deutlich sichtbar. Der schlüpfende Käfer hat mit bis zu zweieinhalb Zentimetern Körperlänge stattliche Maße, seine sonst dunkelbraun bis schwarz gefärbten Flügel sind mit Flecken aus weißen Härchen bedeckt. Die Weibchen sind größer als die Männchen, zudem ist die Legeröhre am Körperende gut zu erkennen.

Käfer mit Kapuze

Ein häufiger einheimischer Holzzerstörer ist der Gewöhnliche Nagekäfer, den man auch als Falsche Totenuhr bezeichnet. Er frisst sich europaweit durch Laub- und auch Nadelhölzer, in denen seine kreisförmigen Bohrgänge mit drei Millimetern Durchmesser meist den Jahresringen des Baumes folgen. Durch Verschleppung treibt der ursprünglich in Europa verbreitete Käfer mittlerweile unter anderem auch in Neuseeland sein Unwesen. Die bis zu einem halben Zentimeter langen, bräunlichen Tiere tragen scheinbar eine Kapuze, denn ihr Halsschild ist hochgewölbt und über den Kopf gezogen. Über die Flügeldecken ziehen sich in Längsrichtung aneinandergereihte Vertiefungen in der Flügeldecke: Punktreihen, die sich auch im lateinischen Artnamen *Anobium punctatum* widerspiegeln. *Anobium* bedeutet „wiederaufleben" und bezieht sich auf einen vorübergehenden Totstellreflex, den die Käfer bei Gefahr zeigen.

Larvenleben

Ihre nur 0,3 Millimeter langen Eier legen die Nagekäfer-Weibchen einzeln oder in Gelegen in alten Ausschlupflöchern, Ritzen und in harzgefüllten Hohlräumen, sogenannten Harztaschen, ab. Ein Weibchen legt insgesamt bis zu 30 Stück. Nach zwei bis drei Wochen schlüpfen die kleinen Larven. Sie sind cremefarben und am gesamten Körper von feinen Haaren übersät. Die ausgewachsenen Larven ähneln in der Form der Engerlingslarve eines Maikäfers. Sie bohren sich ins Holz ein und mümmeln für die nächsten zwei bis vier Jahre Möbel, Musikinstrumente und Gebrauchsgegenstände aus Holz. Unter ungünstigen Bedingungen kann die Larvenzeit bis zu zehn Jahre dauern.

Keller und Kirche

In feuchten Räumen wie Kellern und Kirchen können bei mäßigen Temperaturen auch Dachkonstruktionen und Ähnliches befallen werden. Selbst alte Bücher mit Holzdeckeln und Anteilen an Samt und Seide können bei falscher Lagerung zum Holzwurm-Eldorado werden.

So nisteten sich der Gewöhnliche Nagekäfer sowie drei weitere Nagekäferarten in kostbaren liturgischen Kirchenbüchern in Rumänien ein – mit deutlich sichtbaren Folgen. Selbst in Orgelpfeifen aus Blei und Zinn sind Verpuppungsorte nachgewiesen. Nach zwei bis vier Wochen Puppenruhe verlassen die fertigen Käfer das Holz meist im Mai oder Juni durch kreisrunde ein bis zwei Millimeter messende Bohrlöcher, wobei feines Bohrmehl ausgestoßen wird, das aber nicht stäubt.

Würmer und Weisheit

Im 17. Jahrhundert vermutete der Theologieprofessor Wolfgang Franz, dass die geräuschvoll nagenden Holzbewohner ohne Unterlass bohrten, und am Ende des Balkens angekommen, sterben müssten. Er verglich sie mit Menschen, die immerzu nach der Vermehrung ihres Vermögens strebten und die dann ein schneller Tod ereilte wie beispielsweise Alexander der Große.

Holzwurmspuren

Im vierten Jahrhundert brachte der Kirchenvater Gregor von Nazianz die menschlichen Sorgen mit der Lebensweise der Holzvertilger in Verbindung, „denn so wie" sie „die Bäume aushöhlen, ... so zerstören die Sorgen die Gebeine und das Gehirn des Menschen".

Namhafte Nagekäfer

Die Holzwürmer haben zum Teil recht einprägsame deutsche Artbezeichnungen. So wird eine Klopfkäferart als Trotzkopf oder Beharrlicher Pochkäfer bezeichnet. Dieser tritt häufig in gelagertem Bauholz auf, kommt aber auch im Wald in geschädigten Fichten und Kiefern vor.

Vor allem im Mittelmeerraum ist der Braune Faulpelz zu Hause, der gelegentlich auch nach Mitteleuropa eingeschleppt wird, wo er Nadel- und Laubhölzer vertilgt und bezüglich des Holzalters nicht wählerisch ist. Auch in puncto Verpuppung ist er recht anspruchslos: Aus seinen langovalen, erdnussförmigen Kotpillen baut er sich eine sogenannte Puppenwiege, in der er sich in den fertigen Käfer verwandelt.

Der winzige Parkettkäfer tummelte sich im Boden des zum Weltkulturerbe zählenden Berliner Bode-Museums. Im Bodenbelag war bei der Verlegung im Jahre 2005 buchstäblich der Wurm drin gewesen.

C. H.

Trinkfeste Pflanzen-
freundin – die Blattlaus

Wie schön muss es sein, einfach nur so dazusitzen und zu genießen. Ohne wirklich etwas tun zu müssen – nicht einkaufen, nicht jagen, die Nahrung fließt einem einfach so in den Mund. Manchmal von emsigen Helfern umsorgt und beschützt – und zudem meist kein Ärger mit den Männern. Das hört sich nach einem paradiesischen Leben an, das Blattläuse da führen. Aber ist es das wirklich?

Pflanzensaft

Eine Blattlaus gehört zu den stechend-saugenden Insekten. Sie lässt sich auf einem Pflanzenstängel oder einem Blatt nieder und sticht ihren Saugrüssel durch das Gewebe in die Leitbündel der Pflanze. Diese transportiert hier süße Pflanzensäfte, sodass der Zuckersaft der Blattlaus quasi um den Rüssel fließt, sie braucht ihn nur noch einzusaugen bzw. einfließen zu lassen, denn die Leitungsbahnen der Pflanzen stehen unter Druck.

Doch ganz so einfach, wie dies hier klingt, ist es nicht. Bevor die Blattlaus abhängen und sich die Zuckerdröhnung geben kann, muss sie die Leitbündel auch finden. Dafür unternimmt sie verschiedene Probebohrungen. Jeden Einstich beantwortet die Pflanze, indem sie die Bohrstelle verschließt wie unser Körper eine kleine Wunde. So verhindert sie, dass Krankheitserreger eindringen oder Nährstoffe verloren gehen. Für einen langen, ungestörten Genuss besitzt die Blattlaus ein Gegenmittel, ihren Speichel. Hat sie endlich die optimale Stelle und damit den Zugang zum Leitbündel gefunden, sondert sie Stoffe ab, die diesen Verschluss verhindern. Mithilfe einer zweiten Art von Speichel, der zähflüssiger ist, dichtet sie zudem den Stichkanal ab, sodass die Pflanze ihn auch später nicht mehr verschließen kann.

Jetzt ist sie bereit für das große Saugen. Das schwächt die Pflanze, besonders wenn sich Blattlauskolonien auf ihr breitgemacht haben, denn sie stehlen ihr die Nahrung.

Virenüberträger

Da Blattläuse nicht nur saugen, sondern auch Speichel in die Pflanze abgeben, kann es passieren, dass sie Viren übertragen. Dadurch kann es zu erheblichen Schäden in der Landwirtschaft kommen. Der Kartoffel-Y-Virus (Strichelkrankheit) etwa führt zu einer geringeren Knollengröße und weniger enthaltener Stärke.

Honigtau

Die Pflanzensäfte enthalten viele Kohlenhydrate, also Zucker, jedoch wenig Eiweiß. Um ihren Eiweißbedarf zu decken, muss die Blattlaus daher viel Pflanzensaft trinken und damit mehr Kohlenhydrate zu sich nehmen, als sie benötigt. Was sie nicht braucht, scheidet sie über ihren After wieder aus. Diesen zuckerreichen Saft nennt man Honigtau. Nicht nur Blattläuse produzieren ihn, sondern auch Schildläuse, Zikaden und Blattflöhe. Mancher Autobesitzer, dessen Wagen einem Honigtauregen ausgesetzt war, weiß um die Zähigkeit dieses Ausscheidungsprodukts.

Er bewirkt zweierlei: Zum einen kann er, wenn er auf den Blättern landet, als Einladung für Rußtaupilze gelten. Diese schädigen die Pflanze indirekt, indem sie sich zu einer schwarzen Fläche ausbreiten und dadurch die Fotosyntheseleistung der Pflanzen mindern. Zum anderen lockt der Honigtau verschiedene Insekten an, die den süßen Stoff nutzen. Ameisen zum Beispiel, aber auch Bienen, die ihn wie Nektar in ihren Stock tragen. Der Honig, den der Mensch aus dieser Blattlaus-Absonderung gewinnt, wird als Wald- oder Tannenhonig verkauft.

Liebevoll umsorgte Gefangene

Ameisen lieben den Honigtau der Blattläuse. Im Garten oder auf dem Balkon führen Ameisenstraßen häufig zu befallenen Pflanzen. Ameisen haben sich sozusagen Honigtaufabriken zugelegt: Um möglichst viel davon „ernten" zu können, halten sie sich wahre Blattlausherden, die sie melken. Das hat für die Blattläuse positive und negative Begleiterscheinungen.

Zum einen ist es ein Geben und Nehmen: Ameisen erhalten von den Blattläusen die zuckerreiche Nahrung und bieten ihnen dafür Schutz gegen Feinde. Manche Ameisenarten tragen sie zu neuen, frischen Pflanzen und nehmen sie gar zum Überwintern mit in das Ameisennest.

Doch die Ameisen möchten auch nicht, dass ihre Blattläuse abwandern. Deshalb tun sie alles, um deren Flucht zu verhindern: Zum einen sondern sie mit ihren Füßen eine Art von Betäubungsmittel ab, wodurch sich die Blattläuse nur noch sehr langsam bewegen können. Zum anderen greifen sie auch sehr vehement in Fluchtabsichten ein: Geflügelten Exemplaren beißen sie die Flügel ab.

Ameisen hüten ihre Honigtauproduzenten, die Blattläuse.

Problematischer Honigtau

Was passiert eigentlich, wenn keine Ameise der Blattlaus den Hintern putzt? Der Honigtau kann nämlich auch so zäh sein, dass er den After mancher Blattlausarten verklebt. Nicht gut für die Blattlaus. Umso besser, dass er mit seinem Zuckergehalt eifrige Putzdienste anlockt. Manche Blattlausarten können sich da aber auch selber behelfen: Sie bilden an ihrem Hinterleib Wachs, womit sie die Honigtautropfen umhüllen.

Blattlausvielfalt

Eine Blattlaus ist wie die andere – meint man. Häufig hat der Pflanzenfreund es mit einem grünen Tier zu tun, das sich keck an seinen geliebten Pflanzen bedient. Doch es gibt auch braune Blattläuse, schwarze, rote und gelbliche. Ja, jede Art ist anders gefärbt, und das sind bei weltweit mehr als 3000 Blattlausarten eine Menge Farbnuancen. Bei uns findet man immerhin über 800 dieser Arten.

Viele Blattläuse sind sehr wählerisch, sie stechen ihren Rüssel beileibe nicht in jede Pflanze. Häufig hängen sie an einer Pflanzenart, zuweilen wechseln sie im Laufe eines Jahres auf eine zweite. Wissenschaftler haben den Blattlausarten Namen gegeben, die auf ihre bevorzugten Nahrungsquellen verweisen und zum Teil auch ihre Farbe nennen: Da gibt es zum Beispiel die Schwarze Bohnenlaus, die Grüne Gurkenlaus, die Gefleckte Lärchenrindenlaus und die Grüne Pfirsichblattlaus. Manche Blattläuse sind Gallläuse, das heißt, sie bewirken an ihren Wirtspflanzen Wucherungen, sogenannte Gallen, die sich um ihre Eier bilden. Die Grüne Fichtengallenlaus ist ein Beispiel hierfür.

Matriarchat

Jungfernzeugung – das ist so ein Begriff, auf den man in der Biologie ab und zu stößt. Blattläuse praktizieren die Jungfernzeugung, aber nicht nur, denn die Fortpflanzung der Blattläuse ist ziemlich komplex.

Rasch kann aus einer Blattlaus eine Invasion werden.

Zunächst ist da das Ei, in dem eine zukünftige Blattlaus überwintert. Im Frühjahr schlüpft das Tier, es ist immer ein flügelloses Weibchen. Ist die Nahrungslage gut, dann gebiert dieses Weibchen weitere Weibchen – ohne dass ein Männchen ins Spiel kommt. Das bezeichnet man als Jungfernzeugung. So entsteht als Lebendgeburt mindestens einmal am Tag ein Klon der Mutterblattlaus, und die Töchter gebären ebenfalls dauernd Klone, die nach ein bis zwei Wochen fertig entwickelt sind. Eine Blattlaus lebt 20–40 Tage und kann 20–100 Töchter gebären, was in einem Sommer zu 40 Generationen führen kann – man ahnt, wie es zu einem dramatischen Blattlausbefall kommt.

Aus verschiedenen Gründen kann das Fortpflanzungsprogramm umgeschaltet werden, sodass die Blattlaus geflügelte Weibchen gebiert – immer noch ohne männliche Beteiligung. Hierfür gibt es verschiedene Anlässe: Die Nahrungsquelle versiegt, Fressfeinde werden zu mächtig, eine Pflanze produziert Stoffe, die den Blattläusen nicht bekommen. Die geflügelten Nachkommen können nun in einen besseren Lebensraum fliegen.

Es kommt der Herbst und die Überwinterung steht bevor. Zum einen können Blattläuse nur als Ei überwintern, zum anderen ist die Kreuzung zweier Tiere, eine Neukombination der Gene, Grundlage für die Anpassung an geänderte Umwelteinflüsse. Deshalb wird das Fort-

pflanzungsprogramm erneut umgeschaltet und die Blattlaus gebiert jetzt auch männliche Blattläuse.

Alle diese Phasen sind nicht immer eindeutig getrennt, sie können sich überlappen. Besonders in milden Wintern schlüpft die nachfolgende Generation früher. Zudem können Blattläuse sich dann auch weiterhin ungeschlechtlich vermehren.

Was tun gegen den Blattlausbefall?

Häufig wird bei Blattlausbefall die Chemiekeule ausgepackt, doch es geht auch anders. Zunächst sollte man seine Pflanzen immer mal wieder genauer inspizieren, denn so kann man vielleicht eingreifen, wenn erst wenige und nicht schon Hunderte Sauger zugestochen haben. Die einfachste Methode bei geringem Befall ist das Absammeln. Mit einem Papiertuch streift man die Blattläuse ab und zerquetscht sie. Das ist effektiv, wenn man es mehrfach macht, aber für viele Menschen zu eklig. Vertragen Pflanzen einen kräftigeren Wasserstrahl, können sie auch einfach abgewaschen oder abgespritzt werden. Generell sind starke, gesunde Pflanzen mit festen Blättern keine leichte Beute für die Blattlaus.

Sehr umweltfreundlich ist es, Nützlinge zu sich einzuladen, die bekannte Blattlausfeinde sind: Florfliegen etwa oder Marienkäfer. Die Einladung beinhaltet Unterkunft – etwa Insektenhotel, Totholzhecke oder Florfliegenkasten – und Nahrung für blattlausarme Zeiten – gerne Beete in Mischkultur. Zudem sollte wenig Stickstoffdüngung erfolgen und keine Chemie eingesetzt werden, denn die schadet den Nützlingen. Wer nicht in der Unsicherheit leben möchte, ob Florfliege und Co den Weg zu seinen befallenen Pflanzen finden, kann die Larven auch im Internet bestellen.

Katze oder Blattlaus?

Was Forschern nicht so alles auffällt: Manche Blattläuse fallen immer auf ihre Füße. Wissenschaftlich belegt bei einer Höhe von mindestens 13,7 Zentimeter. Wofür soll das gut sein? Wenn eine Blattlaus einen Fressfeind bemerkt, dann ergreift sie die Flucht. Die ungeflügelten Modelle sind zwar auch recht flott unterwegs, aber häufig nicht schnell genug. Bei größter Gefahr lassen sie sich deshalb einfach fallen. Dabei würden sie auf dem Boden zerplatzen, wenn sie auf dem Rücken landeten. Besser ist es, mit den Füßen nach unten aufzusetzen, um vielleicht doch ein Blatt zu treffen, an dem sie sich mit ihren klebrigen Füßen festhalten könnten. Also müssen fallende Blattläuse sich bei ungünstiger Startposition drehen, was sie jedoch nicht aktiv tun, wie die Katzen. Blattläuse hingegen strecken Fühler und Hinterbeine weit nach vorn beziehungsweise hinten und oben und vertrauen sich dem Luftwiderstand und der Schwerkraft an. „Statische Längsstabilität" nennen das Aerodynamiker.

Übrigens warnen sich Blattläuse gegenseitig vor Fressfeinden mittels Alarmduftstoffen. Diese sind in einem Sekret enthalten, das sie aus zwei röhrenförmigen Ausstülpungen, den Siphonen, an ihrem Hinterteil ausscheiden, wenn sie angegriffen werden. So hat der Rest der Familie die Möglichkeit, sein Heil im Abflug oder -sprung zu suchen.

R. K.

Verfressener Unbekannter – der Speckkäfer

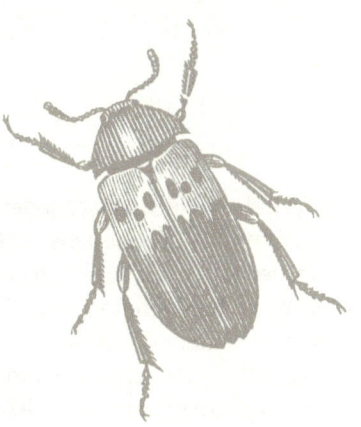

Wenn das winzige, stark behaarte Wesen scheinbar harmlos unter unseren ratlosen Blicken über den Fußboden ruckelt, ist bereits Gefahr im Verzug. Die Speckkäferlarven sind zwar ein echter Blickfang, aber sie künden von einer jahrtausendealten Beziehung, die aus Sicht der Käfer als echte Erfolgsgeschichte gewertet werden kann, aus Sicht der Menschen eher als Drama in mitunter mehreren Akten.

Von der Leiche in die Lagerhalle

Vor etwa 10 000 Jahren begann unsere eigene Spezies mit dem Sesshaftwerden, Nahrung pflanzlichen und tierischen Ursprungs zu horten. Die ersten Vorläufer der heutigen Silos und Lagerhallen entstanden. Bis dahin war Lagerhaltung ein tierisches Ressort und beispielsweise in den Nestern von Nagetieren üblich, wo sich größere Ansammlungen von Samen fanden. Tierisches Material bot sich in Form von verendeten Lebewesen. Die Käfergruppierung der Speckkäfer war bis dahin in einem Metier tätig, das wir heutzutage zwar als ekelig, aber durchaus nützlich einstufen würden: je nach Art im Abbau pflanzlichen, aber vor allem tierischen Materials, quasi als mobile Tierkörperbeseitigung. Der lateinische Familienname *Dermestidae* erzählt davon, denn er bedeutet so viel wie „Die Felle oder Häute Zernagenden". Zwar finden sich in der Käfergruppierung auch Vegetarier, aber für einen Großteil der Arten sind Getreidespeicher vor allem wegen der darin umgekommenen Insekten interessant.

Rendezvous mit einem Toten

Da bekanntlich nicht an jeder Ecke eine Leiche liegt, muss der Käfer über solche Orte genauestens im Bilde sein. So sind einige Speckkäferarten in der Lage, flüchtige Fettsäuren, die beim Verwesungsprozess entstehen, wahrzunehmen. Auf diese Weise wird aus einem toten Körper ein gefundenes Fressen. Bei gutem Essen kann man sich bekanntlich näherkommen, und so werden Artgenossen durch die Freisetzung von Aggregationshormonen, also Versammlungs-Botenstoffen, zusammengetrommelt und der sprichwörtliche Leichenschmaus zum Auftakt für manche Käfer-Liebelei. Das Ende eines Tierlebens kann so den Beginn vieler neuer Leben bedingen: Denn wenn die Käferweibchen ihre bis zu 150 Eier an der reichen Nahrungsquelle ablegen, wird der Fortbestand der ansonsten weit verstreut lebenden Individuen gesichert.

Uralte Tradition

Speckkäfer haben nachgewiesenermaßen bereits vor mehr als 150 Millionen Jahren an toten Dinosauriern geknabbert und in den Knochen deutliche und unverwechselbare Spuren hinterlassen: Typische Bohrgänge, die mit ausgeschiedenem Knochenmaterial verfüllt waren, sowie Abdrücke der Mundwerkzeuge. Zudem finden sich komplette Individuen in verschiedenen Bernsteinfossilien, deren älteste bis in die Kreidezeit vor 130 Millionen Jahren zurückreichen.

Käferkost

Kornspeicher, Speisekammern und Kleiderschränke mit ihrem reichen Nahrungsangebot und weitgehend gleichbleibenden Bedingungen hinsichtlich Temperatur und Feuchtigkeit ermöglichen heimlichen Untermietern eine ganzjährige Versorgung. Zudem bewirken sie eine schnellere Generationenfolge und damit mehr Nachkommen als in freier Natur. Unsere Wohnungen bieten Speckkäfern eine reiche Speisekarte. Artspezifisch unterschiedlich werden Teppiche, Kleidungsstücke, Federerzeugnisse, Vorhänge, Pelze, Trockenfutter für Haustiere, sogar Tierkot und vieles andere mehr verzehrt. Die unterschiedlichen

Nahrungsquellen schlugen sich auch in den Artbezeichnungen nieder: So gibt es etwa den Gemeinen Speckkäfer (*Dermestes lardarius*; lat. lardum: der Speck), den Teppichkäfer und den Gefleckten Pelzkäfer.

Das düstere Völkchen tummelt sich in Ritzen und patrouilliert in Lampenfassungen und ähnlichen Gebilden, die leicht zu Insektenfallen werden und damit jede Menge Käferkost bieten. Eine Speckkäferart hat sich auf verlassene Spinnennetze spezialisiert, aus denen sie Beutereste stibitzt – dies kann wahlweise im Freiland oder in Wohnungen, etwa in unzugänglichen Fensternischen sein.

In Grabbeigaben der Alten Ägypter wurden Dornspeckkäfer in den Resten ehemaliger Biervorräte nachgewiesen.

Ohne Bogen, aber mit Pfeil

Die Speckkäferlarven sind zwar arttypisch individuell ausgeformt, erinnern aber allesamt an winzige Würmchen im Igel-Gewand.

Begegnungen sind eine haarige Angelegenheit und können im Wortsinne reizend sein. An die den Rücken bedeckenden Haare schließen

Speckkäferlarve

bei einer Speckkäfergruppierung am Hinterende spezielle Pfeilhaare an, die in Büscheln angeordnet sind, ähnlich den Bürsten einer Autowaschanlage. Jedes Pfeilhaar ist unter dem Mikroskop betrachtet ein wahres Wunderwerk: Es besteht aus einem dünnen hohlen Schaft, der in regelmäßigen Abständen fünf- bis siebenstrahlige Rosetten trägt. Am oberen Ende sitzt das namensgebende pfeilartige Köpfchen. Gerät eine Larve in Gefahr, werden die Pfeilhaarbüschel abgespreizt. Die Haare können sehr leicht abbrechen und heften sich außerordentlich gut an Chitin, den Baustoff eines jeden Insektenpanzers. Ein räuberisches Insekt ist nach einem solchen Gegenangriff auf längere Sicht damit beschäftigt, seine Mundwerkzeuge von Pfeilhaaren zu befreien. Derweil tritt die Speckkäferlarve den Rückzug an.

Allergiker aufgepasst!

Auch wir Menschen können mit den Haaren Probleme bekommen. Sei es der dichte Pelz auf der Larve oder die beim Wachsen abgestreiften Häutungshemden oder auch nur einzelne Glieder der Pfeilhaare: Geraten sie mit sensiblen Hautbereichen in Berührung, bleiben sie stecken und es kann zu entzündlichen Rötungen mit starkem Juckreiz und Blasenbildung kommen. Bereits den Alten Griechen war bekannt, dass eine bestimmte Speckkäferart Blasen hervorruft. Deshalb wurde sie zeitweilig sogar zum Öffnen von Abszessen und Furunkeln empfohlen.

Köstliches Keratin

Speckkäfer sind sprichwörtliche Haarspalter. Sie sind in der Lage, Keratin, den Grundstoff von Haar, Haut, Huf und Nägeln, zu spalten, indem sie mithilfe spezieller Eiweißstoffe die für andere Tiere nicht lösbaren Schwefelverbindungen knacken. Artspezifisch wird auch der Insekten-Baustoff Chitin verspeist und selbst vor dem Kollagen in Haut und Knochen nicht haltgemacht. Zudem kann ihnen Trockenheit kaum etwas anhaben, denn sie sind in der Lage, über die Fettverdauung Wasser zu gewinnen. Folglich übernehmen sie in trockenen Weltgegenden die Aufgaben, die andernorts Aaskäfer und Fliegen erledigen.

Es heißt, dass Speckkäfer die Austrocknung und Mumifizierung von tierischen und menschlichen Körpern begleiten. Diese Begleitung ist aktiv, einmalig und äußerst gründlich. So war beispielweise die Mumie des ägyptischen Pharaos Ramses II. nachweislich von Speckkäfern befallen. Neben vielen anderen Insekten sind Speckkäfer wichtige Zeugen bezüglich Todeszeitpunkt, Liegezeit etc. Wenn aus einer Wohnung bereits Speckkäferlarven herausquellen, ist davon auszugehen, dass der Bewohner seit Längerem das Zeitliche gesegnet hat.

Käferkleid

Vielgestaltig behaart oder beschuppt sind auch die ausgewachsenen Käfer, die artspezifisch zwischen einem Millimeter und einem Zentimeter groß werden. Allerdings ist das Käferfell auf den Deckflügeln im Gegensatz zu dem der Larven recht kurz. Der bis 9,5 Millimeter lange Gemeine Speckkäfer kommt zweifarbig daher: Die obere Flügelhälfte ist gelbbraun mit drei schwarzen Flecken, die untere ist schwarz gefärbt. Wie viele andere Speckkäferarten enden bei ihm die kurzen Fühler in Keulen.

Schreck von Kurator und Küken

So wie Speckkäfer mitunter flexibel zwischen Tierleichen in freier Natur und Vorräten in Häusern pendeln können, machen sie auch vor präparierten Tieren nicht halt. So treibt die Meldung eines Käferbefalls Kuratoren zoologischer Sammlungen und Museumsdirektoren den Angstschweiß auf die Stirn. Nicht umsonst heißt eine Art auch Museumskäfer. In der zoologischen Präparation wird aus der Not eine Tugend, wenn beispielsweise der Gemeine Speckkäfer als äußerst gründlicher Assistent bei der Skelettierung von Tierkörpern eingesetzt wird. Er kommt aber auch in Vogelnestern, Hühnerställen und Taubenschlägen vor, in denen er nicht nur Federn und Keratinschuppen vertilgt, sondern mitunter auch an frisch geschlüpften Küken nagt. Hungrige Larven kapern sogar Eier, sobald diese beim Schlupfvorgang erste Löcher aufweisen.

Puppenwiege

Zur Verpuppung setzen viele Speckkäferlarven auf Solides: Sie bohren sich in festes Material ein, beispielsweise in Holz, Kork oder Styropor. Im Labor wurden sogar Blei und Zinn angenommen. Ein solcher Hohlraum wird als Puppenwiege bezeichnet, und diese kann sich an recht ungewöhnlichen Orten befinden, beispielsweise in den Preisschienen im Supermarkt.

Wanderer ...

Nicht jede Art hält es so wie der Gemeine Speckkäfer, der sowohl als Larve wie auch als fertiger Käfer die gleichen Nahrungsquellen nutzt. So verbringt der Wollkrautblütenkäfer seine Larvenzeit zwar als Untermieter in menschlichen Behausungen oder in Vogelnestern. Als fertiger Käfer hingegen beginnt ein ganz neuer Lebensabschnitt, und er wohnt nun, wie sein Name erahnen lässt, vergleichsweise beschaulich auf Blüten, vor allem Spiersträuchern, die in Siedlungen häufig sind. Hier ernährt er sich von Pollen.

Vom Licht angezogen, findet manches Wollkrautblütenkäferweibchen des Nachts dann den Weg zurück ins traute Menschenheim, wo der Kreis sich schließt.

Wollkrautblütenkäfer

... und Weltenbummler

Viele Speckkäfer sind wahre Kosmopoliten. Mit Handelsgütern kamen sie weit herum und etablierten sich an immer neuen Orten. Der Name des Berlinkäfers, der ursprünglich aus Südamerika stammt, erzählt davon: Er wurde 1931 erstmals in Berlin nachgewiesen und ist heute deutschlandweit verbreitet.

Hausbesetzer

Einer betroffenen Person mag es egal sein, welche der insgesamt über vierzig mitteleuropäischen Arten den Kleiderschrank oder die Küchenzeile besiedeln. Für einen Schädlingsbekämpfer ist diese Information aber äußerst wichtig, um erfolgreich gegen sie vorgehen zu können. Denn Speckkäfer sind zähe Untermieter, die beispielsweise Behandlungen mit extremer Kälte oder Hitze durchaus trotzen können. Ganz schwierig kann es in Wohnungen mit Dielen werden, da sich unter den Spalten Haare, Hautschuppen und allerhand Krümel sammeln können und damit zum wahren Schlaraffenland für das Käfervolk werden. Versiegelungen sind angeraten, wenn man flächendeckend Teppich verlegen möchte. Auch nach der Bekämpfung anderer Plagegeister wie Insekten oder Nager ist Vorsicht geboten, denn deren tote Körper könnten Speckkäfer auf den Plan bringen und so die zweite Katastrophe über entnervte Bewohner hereinbrechen lassen.

Untote

Speckkäfer lieben Leichen und manchmal spielen sie sogar selber Leiche: Die erwachsenen Käfer verfügen über einen sogenannten Totstellreflex. Dabei zieht sich die Muskulatur zusammen, die Beine werden angezogen, eingeklappt und wie die Fühler in extra Gruben eingesenkt. Das verblüfft manches räuberische Insekt und kann ein Speckkäferleben retten.

C. H.

Klamme Haus-genossin – die Kellerassel

Dieses komische kleine Tier, die bräunlich-graue Assel mit diesen eigenartigen Segmenten auf dem Rücken, das da immer im Garten auftaucht oder an der Hauswand sitzt, – das ist gar kein Insekt! Mit ihren 14! Beinen gehört sie zu einer ganz anderen Gruppe von Tieren.

Kein Insekt, ein Krebs!

Krebse! Krebse? Wirklich? Ja, alle Asseln, die es weltweit gibt, sind Krebstiere. Viele Asseln leben auch heute noch im Wasser, doch die Tiere, denen wir in Keller, Garten und an der Hauswand begegnen, die Keller-, Mauer- und Rollasseln, sind Landasseln. Sie halten sich zwar „auf dem Trockenen" auf, aber ihre Ahnen lebten im Wasser.

Der Körper der Asseln gliedert sich gemäß ihrer Krebsherkunft in Kopfbereich, Brust und Hinterleib. Am Kopf tragen sie zwei Antennen-paare, von denen das zweite, das typisch für Krebse ist, nur noch ganz rudimentär vorhanden ist. Asseln laufen auf 14 Spaltbeinen durch unsere Gärten und Keller, den typischen Krebsbeinen, die in zwei Ästen auslaufen. Der Hinterleib endet in zwei spitzen Gliedmaßen, den so-genannten „Uropoden", das sind Tastsinnesorgane.

Landasseln haben eine äußerst bizarre Verwandtschaft, darunter viele zum Teil sehr spezialisierte Asseln, etwa Wasser- und Kugelasseln. Schmarotzer sind die Fischasseln, sie bedienen sich aus der Haut oder an den Kiemen von Fischen. Eine spezielle Assel saugt an der Zunge eines Fisches von dessen Blut – bis die Zunge abstirbt. Dann übernimmt die Assel die Funktion der Zunge und lebt mit von der Nahrung des Fisches. Garnelenasseln leben als blutsaugende Parasiten an einem ganz besonderen Ort: den Kiemen von Garnelen.

Weltweit gibt es etwa 3500 Arten von Landasseln, davon leben etwa 50 in Mitteleuropa. Sie sind von all den Krebstieren, von denen

zumindest einige zeitweise an Land leben, am besten an ein Leben auf dem Trockenen angepasst. Viele ihrer Verwandten müssen wenigstens für die Fortpflanzung ins Wasser zurückkehren, wohingegen die Landasseln sogar Wüsten erobert haben. Doch letztendlich bestimmt ihre Herkunft aus dem Meer ihr gesamtes Leben: von der Wahl ihres Lebensraums über die Atmung sowie Teile ihrer Fortpflanzungsstrategien bis hin zu ihrem Körperbau, wie ihrem Panzer.

Wüstenassel

Wüstenasseln leben in nordafrikanischen und kleinasiatischen Halbwüsten. Ihre Verdunstungsresistenz und Hitzetoleranz sind sehr hoch. Doch das allein würde nicht ausreichen, um hier zu überleben. Was tun sie also, um das heiße und trockene Klima auszuhalten? Sie verziehen sich unter die Erde. Und dies in Gruppen, denn sie schließen sich mit anderen Asseln zusammen. Sie bilden einen Sozialverband und übernehmen gewaltsam eine bestehende Wohnröhre – oder sie graben selbst eine, bis zu 85 Zentimeter Tiefe in den Boden und bis zu drei Metern Länge. Graben müssen sie im Frühjahr, weil sie in der heißen Jahreszeit nie damit fertig würden – dafür leben sie zu kurz und graben zu langsam. Unter der Erde verbringen sie die heiße Tageszeit und gehen nur früh morgens oder am Abend hinaus. Damit keine anderen Wüstenasseln ihr Zuhause übernehmen, bleibt immer ein Tier als Wächter zurück.

Panzerträger

Ritter legten ihn an, wenn sie in den Kampf zogen, die Assel trägt ihn immer: ihren Panzer. Beim Tier ist es ein Rückenpanzer aus Chitin und Kalkeinlagerungen, der aus einzelnen Segmenten besteht, die zwar selbst fest und starr, aber untereinander beweglich sind. So kann die Assel laufen und ihren Körper biegen, wenn sie um eine Kurve läuft.

Da Asseln von einer wasserdurchlässigen Haut umhüllt werden, würden sie ohne einen speziellen Schutz sehr rasch austrocknen. Als Verdunstungsbarriere dient der Rückenpanzer. Ihr Bauch jedoch ist nicht geschützt. Deshalb presst sich die Assel stets möglich fest an den

Klar gegliedert, breit und stark – der Panzer der Kellerassel ist unverkennbar.

Boden, wodurch ein feuchtes Mikroklima entsteht. Zudem meidet sie die Sonne, indem sie ihre Aktivitäten in die Nacht verlegt. Häufig sieht man Asseln in großen Gruppen eng beieinander liegen, auch dies dient dem Feuchthalten.

Feuchter Lebensraum

Irgendwie haben unsere Keller- und Mauerasseln das Meer nie zu 100 Prozent verlassen. Sie müssen auch heute noch dort leben, wo es feucht ist. Zum einen droht sonst Tod durch Vertrocknen, zum anderen benötigen sie eine gewisse Feuchtigkeit zum Beispiel für ihre Atmung. Deshalb findet man sie häufig an schattigen Plätzen, unter Steinen oder altem Holz sowie in Kompost und Keller, woher wohl ihr volkstümlicher Name „Kellerläuse" stammt.

Gerne leben sie im Freien in der Streuschicht am Boden, denn dort ist es meist feucht und sie finden hier auch ihr Futter. In dieser etwa drei Zentimeter dicken Schicht aus sich zersetzenden Pflanzenmaterialien vertilgen Asseln fast alles, was sie finden. Aber sie sagen auch nicht Nein zu feuchten Kellern, in denen organisches Material wie Kartoffeln oder Äpfel liegt.

Kiemen

Das auffälligste Indiz dafür, dass die Vorfahren der Landasseln wirklich im Meer gelebt haben, sind ihre Kiemen. Sie sitzen an den hinteren Beinen der Tiere und werden durch flache Platten abgedeckt, um sie feucht zu halten. Doch das reicht nicht. Deshalb besitzt die Assel spezielle Wasserleitungssysteme. Jeder Wassertropfen, der mit dem Asselkörper in Berührung kommt, wird zur Bauchseite geleitet. Dort befindet sich ein offenes System aus Rinnen, die sich über ihren Bauch ziehen und Teil eines Kreislaufs sind: Die Flüssigkeit wird zu

den Kiemen geleitet und, da sie zu wertvoll ist, um verloren zu gehen, am After wieder aufgenommen. Sie durchläuft den Asselkörper, wird am Kopf wieder in die Rinnen eingespeist und erneut Richtung Kiemen geführt. Die Rinnen dienen nicht nur der Befeuchtung der Kiemen, in ihnen fließen auch Ausscheidungsprodukte, deren giftiger Bestandteil Ammoniak während des Durchlaufens verdunstet.

Doch auch das Leben an Land hat im Atmungssystem der Landasseln seine Spuren hinterlassen. Bei manchen Asseln, wie etwa den Mauerasseln, reicht die Kiemenatmung bei einer hinlänglich feuchten Umgebung aus. Bei Keller- und Rollasseln hingegen haben sich die Kiemen weit zurückgebildet, hier entwickelte sich eine Art Behelfslunge. An den Innenseiten der Beine an ihrem Hinterleib tragen sie Einstülpungen, in die Luft eindringen kann, dann wird der Sauerstoff über eine zarte Haut an das Blut weitergeleitet. Das „Atmen" geschieht durch Krümmen des Hinterleibs: Wölbt die Assel ihn nach oben, atmet sie ein, drückt sie ihn wieder nach unten, entweicht die verbrauchte Luft.

Planschbecken für den Nachwuchs

Wie erwähnt, haben sich die hiesigen Asseln so weit von ihrem Ursprung entfernt, dass sie nicht einmal mehr für ihre Fortpflanzung ins Wasser müssen. Aber trotzdem sind sie auch in diesem Bereich noch ihrem ursprünglichen Element verhaftet, denn die Eier der Asseln könnten ohne ausreichend Feuchtigkeit nicht überleben. Wieder hat sich das Tier trickreich an die Trockenheit seines jetzigen Lebensraums angepasst. Sobald das Weibchen begattet wurde, häutet es sich, wobei sich diese Häutung von den normalen Häutungen unterscheidet. Denn nur bei einem gerade begatteten Weibchen bildet sich auf seinem Bauch eine Blase, die sich mit Flüssigkeit füllt. Da hinein legt sie ihre Eier und trägt sie mit sich umher. Bei einer Kellerassel sind dies zwischen zehn und 70 Eier, und bis der Nachwuchs schlüpft, dauert es zwischen 40 und 50 Tage.

Diese Blase nennt man manchmal Bruthöhle, zuweilen auch Brutraum oder Bruttasche. Nicht nur die Asseln bilden sie, sondern auch enge Verwandte von ihnen, etwa die Flohkrebse oder die Schwebegarnelen. Wissenschaftler nennen die Blase Marsupium. Unter diesem Stichwort findet man auch bekannte Beuteltiere wie Koala oder Känguru, doch deren Beutel sind permanent vorhanden und nicht mit Flüssigkeit gefüllt.

Nützlicher Saubermann

Asseln sind die gepanzerten Regenwürmer! Zumindest was die Funktion als Humusbildner betrifft. Eigentlich sind sie Pflanzenfresser, doch sie vertilgen zum Beispiel auch Schimmelpilze, Kot, Aas und vieles mehr. Bevorzugte Nahrung sind allerdings faulendes Holz und Falllaub. Sie zerkleinern Pflanzenreste und nehmen mit ihnen mineralische Bestandteile des Bodens auf. Nachdem alles im Verdauungstrakt gut vermischt wurde, scheidet die Assel in ihrem Kot Ton-Humus-Komplexe aus, ebenso wie der Regenwurm. Die Assel allerdings frisst mehrfach ihren eigenen Kot, der dadurch noch besser verdaut wird. Durch die Ton-Humus-Komplexe wird der Boden mineralisiert und in Humus umgewandelt. Asseln sind also ausgesprochen nützliche Tiere: Sie zersetzen abgestorbene organische Substanz und fördern die Bodenfruchtbarkeit.

Schutz

Asseln tragen zwar einen Panzer, doch sind sie trotzdem gern gesehene und rasch gefressene Nahrung von Fröschen, Echsen, Igeln, auch kleineren Eulen, Kröten, Maulwürfen, Spinnen und Vögeln. Da Asseln reich an Kalzium sind, sind sie eine gesunde Ergänzung des Speiseplans, und wenn sie, wie häufig, in Gruppen beieinander sind, sind sie leichte und nahrhafte Beute. Kalzium wird übrigens von der Assel in kleinen Speichern auf der Bauchunterseite gesammelt. Wenn diese Speicher gefüllt sind, ist dies ein Startsignal für eine Häutung.

Einige Asseln besitzen zudem Wehrdrüsen, die sich auf den Rändern des Rückenpanzers befinden. Werden sie angegriffen, dann machen sie sich mit einem Sekret ungenießbar.

Die Rollassel schließlich hat einen besonderen Trick, der ihr auch ihren Namen gab: Bei Gefahr rollt sie sich zu einer kleinen Kugel in der Größe einer Erbse zusammen. Ihre Panzersegmente passen perfekt

Asseln sind häufig in Gruppen unterwegs und deshalb leichte Beute für Fressfeinde.

ineinander, sodass ihre nun im Innern der Kugel liegenden Extremitäten nicht gefährdet sind. Das Zusammenrollen schützt nicht nur vor Fraßfeinden, sondern auch vor Austrocknung. Womit wir wieder beim zentralen Thema eines Assellebens wären.

Natürlich bietet auch der Panzer einen gewissen Schutz. Bei unseren Keller- und Mauerasseln, die mit bis zu 18 Millimeter Länge sehr klein sind, fällt das nicht so auf. Doch in der Tiefsee lebt eine Asselart, die die uns bekannten Asseln in den Schatten stellt: die Riesenassel. Sie kann bis zu 45 Zentimeter lang werden und 1,7 kg schwer – ein Beispiel für die Hypothese des Riesenwuchses bei Tiefseetieren.

R. K.

Wuselige Dauermieterin – die Maus

Manch einer möchte gelegentlich gerne Mäuschen sein. Mäuschen haben wollen die meisten jedoch eher weniger. Die Kleinheit und Heimlichkeit der Mäuse liegt der bekannten Redewendung vom „Mäuschen sein" oder „Mäuschen spielen" zugrunde, denn nur so könnte man einmal bei einer entscheidenden Begebenheit dabei sein, ohne bemerkt zu werden. Die Eigenschaften der Mäuse waren geeignetes Rüstzeug für eine jahrtausendealte und nur selten einvernehmliche Beziehung. In dieser langen Zeit hat die Maus nicht nur in Küche und Keller, sondern auch in die menschliche Sprache Einzug gehalten – und zwar auf vielfältige und mitunter gegensätzliche Weise. So kann dieselbe Person, die beim Anblick einer durch die Küche huschenden Maus schreiend auf den nächsten Stuhl flieht, ganz selbstverständlich den eigenen Nachwuchs oder den Partner liebevoll mit „Maus" oder „Mäuschen" ansprechen und im nächsten Atemzug eine unscheinbare Person abwertend als „graue Maus" titulieren. Mit anderen heimlichen Mitbewohnern wie beispielsweise Spinnen wäre das undenkbar.

Mit dem Haus kam die Maus

Mit dem Sesshaftwerden der Menschen änderte sich nicht nur deren Lebensweise tief greifend, sondern auch die vieler Tiere, die die Vorteile eines mehr oder weniger engen Zusammenlebens mit den großen Zweibeinern zu nutzen begannen. So kam auch die Maus auf den Menschen und wurde zu einem Kommensalen, was übersetzt Mitesser heißt. Ursprünglich eine Steppenbewohnerin, richtete sich die Maus in den paradiesischen Getreidelagern, Speisekammern und Abfallhaufen häuslich ein. An vielen jungsteinzeitlichen Lagerstätten wurden neben Menschen- auch Mäusespuren gefunden.

In Bezug auf die Nahrung ist eine Maus äußerst flexibel und futtert alles, was auch uns Menschen mundet. Zusätzlich frisst sie aber auch jede Menge anderer tierischer und pflanzlicher Kost wie beispielsweise Insekten und Eicheln. Ihr Name scheint Programm zu sein, denn wahrscheinlich bedeutet Maus ursprünglich „Diebin".

Maßnahmen gegen die Maus

Die kleinen Nagetiere knabberten sich zum Missfallen der frühen Ackerbauern durchs Getreide, wahlweise bereits auf dem Feld oder später im Speicher. Bereits den Alten Griechen war klar, dass man der Mäusemisere nicht Herr werden kann. Daher empfahl eine Abhandlung über Landwirtschaft, den Mäusen schriftlich mitzuteilen, welches Feldstück man ihnen zur freien Verfügung überlasse. Sollten sie ein anderes heimsuchen, drohe ihnen der Tod.

Ein Gerichtsprozess gegen die Mäuse wegen Vernichtung der Ernte im 16. Jahrhundert zeugt ebenfalls von den verzweifelten Versuchen der Menschen, gegen die Mäusescharen vorzugehen.

Seit dem 15. Jahrhundert wurde bei Ratten- und Mäuseplagen die Heilige Gertrud, eine Ururgroßtante Karls des Großen, angerufen, da ihr Gebet einst eine solche Plage beendet haben soll. Sogenannte Gertrudiszettel sollten, in Mäuselöcher gesteckt, gegen die lästigen Nagetiere helfen. Die Heilige wird traditionell mit Mäusen und einer Spindel dargestellt, denn der Gertrudistag am 17. März markiert den Übergang von der winterlichen Arbeit im Haus zur Feldarbeit. Dies verdeutlicht auch eine Bauernregel: „Gertrud mit der Maus / treibt die Spinnerinnen raus." Hier liegt zugleich ein möglicher Ursprung für eine bekannte Redensart: Denn wer das Spinnen folgsam beendet, dem beißt die Maus keinen Faden ab.

Wessis und Ossis

Deutschland ist aus Sicht der Hausmäuse zweigeteilt: Es gibt die etwas größere Westliche Hausmaus, die stärker an Gebäude gebunden ist und daher treffend auch als Haus-Hausmaus bezeichnet wird. Die Östliche Hausmaus ist vergleichsweise häufiger im Freiland anzutreffen, was ihr den Namen Feld-Hausmaus eintrug. Oberhalb von 1000 Metern über dem Meeresspiegel ist sie allerdings auf Gebäude angewiesen. Ungeachtet der Diskussion unter Zoologen, ob man von zwei Hausmaus-Arten oder lediglich von zwei Varianten einer einzigen Art ausgehen sollte, gibt es nachweislich intensive Annäherungen zwischen Ost- und Westmaus in der etwa 50 Kilometer breiten Überschneidungszone. So entstehen Mischformen, wobei die männlichen Nachkommen eine eingeschränkte Fortpflanzungsfähigkeit aufweisen.

Maus und Muskel

Auch in die Anatomie haben die Mäuse Einzug gehalten: Der wissenschaftliche Name der Hausmaus lautet *Mus musculus*. „*Musculus*" bedeutet übersetzt „Mäuschen". Wahrscheinlich fußt die Bezeichnung für Bizeps, Trizeps und Co. auf der Ähnlichkeit zwischen der Bewegung einer huschenden Maus und dem Zucken von Muskeln unter der Haut. Innerhalb der unzähligen Varianten von weltweit zu Forschungszwecken gezüchteten Mäusen finden sich auch regelrechte Muskelmäuse, deren Muskelmasse infolge genetischer Manipulationen die ihrer unveränderten Artgenossen um ein Vielfaches übertrifft – ein für die Fleischindustrie interessantes Ergebnis.

Mäusemusik

Von wegen mucksmäuschenstill: Mäuse unterhalten sich, und zwar viel mehr als nur über das für uns hörbare Fiepen. Die Tonfrequenzen liegen allerdings im für menschliche Ohren nicht wahrnehmbaren Ultraschallbereich. Und Mäuse sprechen nicht nur, sie singen auch: So tragen Mäusemännchen komplexe Tonfolgen vor, die denen von Singvogelmännchen nicht unähnlich sind. Jeder Mäuserich hat dabei seinen individuellen Gesang, den ein paarungsbereites Weibchen sicher von dem der eigenen Brüder unterscheiden kann. Ist die potenzielle Partnerin zum Äußersten bereit, verstummt das Männchen nicht etwa, sondern trällert auch während des Geschlechtsakts weiter. Erstaunlicherweise läuft die Tonerzeugung nicht wie zu erwarten über die Stimmbänder, diese bleiben regungslos. Vielmehr wird in der

Luftröhre ein schmaler Luftstrom erzeugt und auf die innere Kehlkopf-
wand gerichtet – eine überraschende Technik, die mit der von Turbinen
und Düsentriebwerken vergleichbar ist. Wie bei Menschen lassen sich
übrigens auch bei Mäusen verschiedene Dialekte nachweisen. Interessanterweise ließen sich in einem Experiment für die Nachkommen
deutsch-französischer Mäusepärchen in puncto Partnerwahl Vorlieben
für die Sprache des eigenen Vaters nachweisen.

Hinweisreicher Harn

Kommunikation läuft bei Mäusen zudem über den Geruchssinn. Was
Menschen mittels langer Gespräche oder Stöbern in sozialen Netzwer-
ken übereinander in Erfahrung bringen können, erfassen Mäuse durch
bloßes Beschnuppern eines Urintröpfchens: Hierin sind Informationen
zum Alter, Geschlecht sowie dem Gesundheitszustand des Produzenten enthalten. Selbst Informationen hinsichtlich der Empfänglichkeit
von Madame Maus sind hinterlegt, sodass bereits im Vorfeld klar ist,
ob es sich lohnt, einer Spur zu folgen. Die Informationsquelle bleibt
auch ein Weilchen vor Ort, denn der Urin enthält spezielle Eiweiße,
die die Duftstoffe binden und nur langsam entweichen lassen, sodass
diese sich nicht sofort wieder verflüchtigen.

An besonders stark frequentierten Stellen des Reviers wird auch
häufig gepinkelt: Hier entstehen dann regelrechte Mini-Stalagmiten
aus Urin und Staub.

Mäusemassen

Mäuse sind erstaunlich fruchtbar. Typischerweise setzen sich Haus-
mausgruppen aus einem dominanten Männchen und mehreren Weibchen zusammen. Solche Gruppen können Größen von bis zu hundert Individuen erreichen. Ist genügend Nahrung vorhanden, sind pro
Weibchen jährlich bis zu zwölf Würfe möglich, aber nicht die Regel. Bei der Östlichen Hausmaus kann der Kindersegen mit maximal
14 Jungen besonders reich ausfallen, während das Maximum bei der
Westlichen Hausmaus bei zwölf Kindern liegt. Die Tatsache, dass die
Mäusekinder bereits nach sechs Wochen geschlechtsreif sind, bewirkt,

dass die Zahl der Nachkommen eines einzigen Pärchens pro Jahr in die Hunderte gehen kann. Mäusepopulationen wachsen aber nicht ins Unermessliche, da Nahrungs- und Platzmangel regulativ eingreifen. Dies wirkt sich auf die Fruchtbarkeit der Weibchen aus und schützt vor Überbevölkerung.

Mütter-WG

Für die Kinderschar baut das Weibchen ein kuscheliges Nest, mit allem, was sich finden und zernagen lässt: So werden zum Beispiel Kleidungsstücke, Kissen und Kartons klein geraspelt und kurzerhand umfunktioniert. Nach einer Tragzeit von etwa drei Wochen werden die Mäusekinder nackt, blind und taub geboren. Sie wiegen weniger als ein Gramm.

Mäusemütter tun sich häufig zusammen und verbringen die Kleinkindzeit im Gemeinschaftsnest. Die kleinen Mäuse werden drei Wochen lang von ihrer Mutter, im Gemeinschaftsnest praktischerweise auch von wechselnden Müttern, gesäugt. Mäusemilch ist mit einem Fettgehalt von bis zu 33 Prozent sehr nahrhaft und bewirkt, dass die Kleinen nach drei Wochen bereits stolze sechs Gramm auf die Waage bringen.

Hausmausjunges

Mehr Mäuse

Nicht nur Hausmäuse machen es sich bei uns gemütlich, auch Wald-
und Gelbhalsmäuse können im Winter in menschliche Behausungen
einwandern. Beide Arten können extrem gut klettern, sodass sie auch
häufig Dachböden besiedeln. Zwar wird man ihnen wohl nie nah genug kommen, aber eine eindeutige Abgrenzung zur Hausmaus ist das
Fehlen des typisch muffigen Hausmausgeruchs.

Waldmaus – draußen

Zum Mäusemelken

Die Milch der Mäuse kommt im Bereich der medizinischen Forschung
zum Einsatz. Hier werden buchstäblich Mäuse gemolken, und zwar
mit einer Pipette. Mithilfe von Mäusen, deren Erbgut zuvor verändert
wurde, lässt sich die Produktion bestimmter Substanzen wie beispielsweise Impfstoffen bewirken, die dann aus der Muttermilch gewonnen
werden können. Das Melken ist aber ein sehr aufwendiger Vorgang, der
wenig ergiebig ist, wie bereits die alte Redewendung deutlich macht.
Zur Gewinnung von einem Liter Mäusemilch sind etwa 4000 Melk-
durchgänge notwendig. Dass der Preis für einen Liter Mäusemilch im
fünfstelligen Euro-Bereich liegt, verwundert daher nicht.

Mäuse und Medizin

Unzählige Mäuse, die ursprünglich von Westlichen Hausmäusen abstammen, werden weltweit in Laboren gehalten und in unzähligen Forschungsbereichen wie beispielsweise der Krebs- und Verhaltensforschung eingesetzt. Die Verwendung von Mäusen in der Medizin ist übrigens eine sehr alte Angelegenheit. Bereits im Altertum wurden Mäuse oder Teile von ihnen zur Heilung diverser Krankheiten oder Beschwerden eingesetzt. Eine Suppe aus gekochten Mäusen sollte unter anderem Lungenbeschwerden lindern und Mäusehirn indessen gegen Wahnsinn helfen. Bereits Kleopatra soll Mäuseexkremente kosmetisch eingesetzt haben, um volleres Haar zu bekommen. Doch solche Maßnahmen kümmern heute keine müde Maus mehr.

C. H.

Kecker Küchen-
schreck – die Kakerlake

Ungeziefer in der Wohnung? Da verirrt sich einiges im Laufe
des Jahres: Spinnen, Fliegen, Mücken, Motten, meist alles kein
allzu großes Problem. Aber beim Anblick einer Kakerlake hört für jeden der Spaß auf, es sei denn, sie dient als Futtertier für Reptilien.
Kakerlaken gelten als Masseninvasoren und Krankheitsüberträger. Korrekt! Aber kaum jemand sieht, dass dieses Tier vor allem eines ist: ein
Überlebenskünstler.

Kakerlake? Küchenschabe?

Eine Kakerlake ist eine Schabe ist eine Küchenschabe. Verwirrend? Es
kommt noch besser: Nicht nur eine Tierart, sondern mehrere werden
als Kakerlaken oder Küchenschaben bezeichnet. Sehr verwirrend.

Kakerlake und Küchenschabe sind Synonyme für einige Schabenarten, die sich zuweilen in menschlichen Behausungen aufhalten.
Bedenkt man, dass die Familie der Schaben aus mehr als 4500 verschiedenen Arten besteht, dann ist die Anzahl derjenigen, die wir als
Küchenschaben und somit als Schädlinge kennen, verschwindend gering – nur gibt es so viele von ihnen.

Kakerlaken oder Küchenschaben fühlen sich, wie ihr Name es
schon sagt, in der Küche so richtig wohl. Da haben sie alles, was sie
brauchen: Wärme, Feuchtigkeit und jede Menge zu fressen. Deshalb
treten sie besonders in Großküchen und Restaurants auf, aber auch in
Bäckereien, Kantinen, Krankenhäusern und Gewächshäusern, von wo
aus sie die angrenzenden Räume und Gebäude erkunden und erobern.

Die meisten Schaben ziehen die freie Natur den geschlossenen
Räumen bei Weitem vor. Häufig leben sie in tropischen und subtro-
pischen Gebieten, also in Gegenden, in denen sie die feuchte Wärme
finden, die sie lieben und brauchen. Der Mensch bekommt Schaben

im Freien (und hoffentlich auch in geschlossenen Räumen) kaum zu Gesicht und wenn, dann hält er sie meist für Käfer.

Kakerlaken sind für Menschen vor allem eines: eklig. Doch erstaunlicherweise gibt es einige Spiele, die auf den kleinen Sechsbeiner setzen: Da gibt es Kakerlakenpoker und Kakerlakensalat, Kakerlakensuppe und zwei Spiele, die mit einer kleinen Roboter-Minikakerlake punkten: Kakerlakak und Kakerlaloop.

Die Kakerlake kennzeichnet sich durch sechs Beine, zwei sehr lange, oft körperlange Fühler, einen eher platten und je nach Art breiteren oder länglicheren Körper, Flügel und sogenannte Cerci (empfindliche Schwanzborsten) am hinteren Körperende. Mit den kräftigen Beinen kann sie erstaunlich schnell rennen. Mit ihren Fühlern, an denen sensible Sensoren sitzen, spürt sie Nahrung und Feuchtigkeit auf. Ihr flacher Körper passt in jede Ritze und sorgt für Stabilität. Ihre Flügel sind meist verkümmert. Die Cerci sind ein Frühwarnsystem.

In Deutschland werden hauptsächlich vier Schabenarten als Kakerlaken bezeichnet:

- die **Orientalische Schabe** (*Blatta orientalis*), ein dunkelbraunes bis schwarzes Insekt mit breitem Körper. Die Weibchen (22–30 Millimeter) sind größer als die Männchen (21–25 Millimeter).
- die **Deutsche Schabe** (*Blattella germanica*). Sie hat einen schlankeren Körper und ist gelbbraun gefärbt, auf dem Halsschild trägt sie zwei dunkle Streifen. Sie wird 10–15 Millimeter groß. (Vielfältige Bezeichnungen wie Preußen, Franzosen oder auch Schwabenkäfer verweisen auf übertragene Feindbilder. Schwabenpulver war im 20. Jahrhundert ein Standardmittel der Schädlingsbekämpfung und heute verwendet man den SchwabEX-GUN, eine Art Präzisionsspritze zum Ausbringen von SchwabEX-prime gegen Schaben.)
- die **Amerikanische Großschabe** (*Periplaneta americana*), ebenfalls ein schlankeres Insekt mit rötlich-braunem Körper. An ihrem Halsschild trägt sie einen hellen Streifen; sie ist deutlich größer als die anderen Schaben (35–40 Millimeter) und wesentlich seltener in Privathaushalten zu finden.
- die **Braunband-** oder **Möbelschabe** (*Supella longipalpa*) ist kleiner (10–12,3 Millimeter) und kenntlich an den zwei helleren Streifen am Halsschild ihres sonst dunkelbraunen Körpers. In Deutschland ist sie relativ selten zu finden, da sie wärmebedürftig ist und hier im Freien nicht überwintern kann.

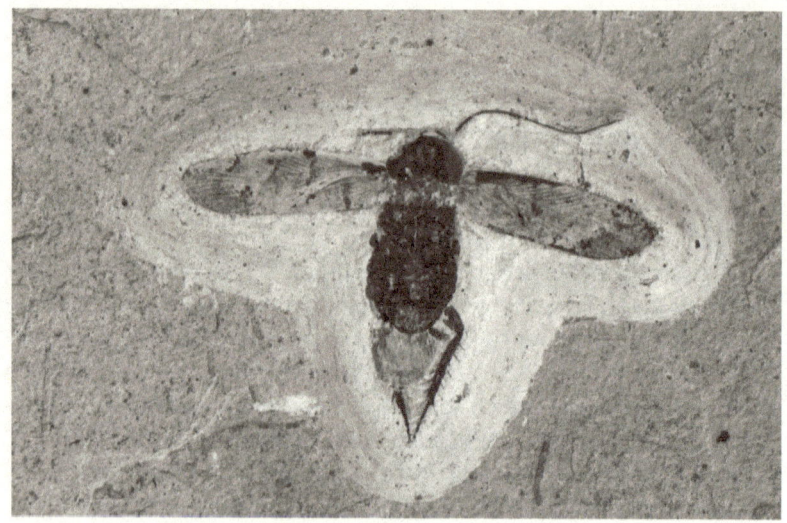

Diese fossile Schabe ist circa 120 Millionen Jahre alt.

Überlebenskünstler

Schon vor circa 350 Millionen Jahren lebten Kakerlaken auf der Erde – da war der Mensch noch nicht mal als Idee vorhanden. Fossile Funde haben gezeigt, dass sie sich seitdem nicht verändert haben. Sie sind demnach das, was man als lebendes Fossil bezeichnet, also als Organismus, den der Mensch in Fossilienschichten findet, der sich aber in den Jahrmillionen nicht gewandelt hat. Lebende Fossilien sind etwa auch der Riesensalamander, der Ginkgo oder das Neunauge. Geändert musste wohl nichts werden an der Kakerlake, denn ihr Körperbau und ihre Lebensweise machen sie zu einer wahren Überlebenskünstlerin.

Sie fressen alles, …

Kakerlaken sind Allesfresser. Nicht umsonst finden sich Kakerlakenscharen häufig in Restaurants und deren Umgebung. Sie fressen abgestorbene Reste von Pflanzen und Tieren, also gerne unsere Abfälle, und wenn davon nichts da ist, dann können sie alles, einfach alles

organische Material bis hin zu Tapetenkleister verwerten. Sie finden immer noch etwas, was sie fressen können. Und wenn nicht, dann können sie, wenn sie genügend Flüssigkeit finden, Monate ohne Nahrung überleben. In der freien Natur sind sie wichtige Zersetzer organischer Materialien.

... sind wahre Rennmaschinen, ...

Man hat schon viele Insekten rennen sehen, doch die Kakerlaken bestechen durch ihre hohe Geschwindigkeit, ihren engen Wendekreis sowie die Fähigkeit, Hindernisse rasch zu überwinden, ohne stark abbremsen zu müssen. Hier hilft ihnen, dass sie sehr stabil auf der Strecke liegen. Ein Grund dafür ist ihr Körperbau, denn die flache Form verschafft der Kakerlake mehr Stabilität bei der Fortbewegung als etwa beim Menschen dessen hoher und wackeliger Körper.

Schnell sind Kakerlaken aus mehreren Gründen, unter anderem aufgrund ihrer Fortbewegungstechnik: Wenn sie laufen, dann bleiben immer drei ihrer sechs Beine auf dem Boden und verleihen ihr somit bei jedem Schritt den optimalen Antrieb. Ihre Schnelligkeit wurde manchen Kakerlaken dahingehend zum Verhängnis, dass man sie seit dem 16. Jahrhundert für Kakerlakenrennen einsetzt. Besonders in Russland hat sich dieser Sport wohl erhalten, doch auch in anderen Ländern: In Berlin wird gerade ein Kakerlakenrennstall aufgebaut (unter dem Namen Formel K) und in Australien wird der 26. Januar, der Nationalfeiertag, mit einem Kakerlakenrennen gefeiert.

Vorne lange Fühler, mittig platter Körper, hinten die beiden Cerci.

Beeindruckend ist die sehr frühe Reaktion der Kakerlake, etwa auf einen herabsausenden Schuh. Gewarnt wird sie durch die dem Schuh vorauseilende Luftbewegung: Jetzt kommen die beiden Fortsätze am Hinterteil, die Cerci zum Einsatz, die besonders bei urtümlichen Insekten zu finden sind (beim Ohrwurm sind sie zu Greifzangen umgebildet). An jedem der beiden Cerci befinden sich mehr als 200 Sinneshärchen. Sie registrieren auch die kleinste Luftbewegung, erfassen ihre Richtung und Stärke, worauf die Kakerlake je nach Gefährdung reagiert.

Stabile Straßenlage und Lauftechnik sind auch verantwortlich dafür, dass Kakerlaken Hindernisse in ihrer dreifachen Hüfthöhe ohne Probleme überwinden. Kein Wunder, dass Wissenschaftler die Laufweise von Kakerlaken (und Perlhühnern) für die Robotik erforschen. Kakerlaken sollen Vorbild für Minensuchroboter sein, die sich in unwegsamem Gelände bewegen müssen.

Dass eine Kakerlake nicht laufen kann, weil sie kein Marihuana zum Rauchen mehr hat, das behauptet das bekannte mexikanische Lied „La Cucaracha", zu Deutsch: Die Kakerlake. Wie kommen Drogen und Kakerlaken zusammen? Das Lied ist kein sonniges Volks-, sondern ein mexikanisches Revolutionslied, das sich gegen den mexikanischen Präsidenten Victoriano Huerta wendet. Dieser putschte sich 1913 an die Macht. Ihm wurde nachgesagt, dass er sich ohne eine gute Portion Marihuana nicht mehr auf den Beinen halten könne. Sein Spitzname war: La Cucaracha.

La cucaracha, la cucaracha,	Die Kakerlake, die Kakerlake,
Ya no puede caminar	kann nicht mehr aufrecht gehen,
Porque no tiene, porque le falta	denn sie hat kein, denn ihr fehlt
Marihuana que fumar	Marihuana zum Rauchen

Dass dieses Lied kein nettes spanisches Volkslied ist, hat bosnische Eltern erzürnt. Es steht nämlich auf dem Lehrplan bosnischer Schulen. Damit die Kleinen aber nicht zum Drogengenuss angeregt werden, sollte die kiffende Kakerlake aus den Schulbüchern verschwinden.

... passen durch engste Spalten, ...

Die Kakerlake ist für den Menschen meist unsichtbar, da sie sich perfekt versteckt. Ihr flacher Körper macht es möglich, dass sie auch durch die schmalsten Fugen passt. Als nachtaktives Tier lebt sie während des Tages in ihrem Versteck und kriecht mit der Dunkelheit heraus, um nach Fressbarem und einem Paarungspartner zu suchen. In ihren Verstecken sind die Kakerlaken nicht alleine – sie leben im Kollektiv und haben damit ihre Artgenossen immer bei sich.

... vermehren sich rasant ...

Die Vermehrung der Kakerlaken kann jedem, der weiß, dass er Kakerlaken in der Wohnung hat, schlaflose Nächte bereiten, denn sie vermehren sich rasch und häufig. Ein einziges Weibchen kann mehrfach im Jahr zwischen 20 und 40 Eier legen. Diese schützt sie, indem sie für ihr gesamtes Gelege eine harte Eikapsel (Oothek) herstellt – bei der Orientalischen Schabe finden sich darin durchschnittlich 16 Eier. Die Oothek wird meist einige Zeit von der Schabenmutter herumgetragen und dann an einem warmen und geschützten Platz abgelegt, bis die Jungtiere schlüpfen. Hierzu hat sie eine Sollbruchstelle, eine Naht, eingebaut, durch die die kleinen Schaben ihre schützende Behausung verlassen können.

In der Oothek sind die Eier sicher vor Austrocknen, vor mechanischen Schäden, vor Wärme und Kälte, vorm Gefressenwerden und chemischem Einfluss. Ootheken werden nicht nur von Schaben gebildet, sondern auch von Fangschrecken und Doppelfüßern. Sie entstehen aus einem Sekret, das aushärtet und es Kammerjägern fast unmöglich macht, eine Schabenpopulation zu vernichten. Haben sie es geschafft, die erwachsenen Tiere zu erledigen, so überleben häufig die Eikapseln.

... sind quasi unzerstörbar ...

Kakerlaken sind nicht kaputt zu kriegen. Sie leben sogar kopflos weiter, weil ihr Körper dezentral organisiert ist. Das heißt, sie haben kein zentrales Gehirn, das alles steuert, sondern Nervenknoten im Kopf und in den verschiedenen Körpersegmenten, die sogenannten Ganglien. Sie sind durch ein Nervensystem verbunden, das in seiner Form an eine Strickleiter erinnert und deshalb Strickleiternervensystem genannt wird. Bei der Kakerlake sind sozusagen wichtige Funktionen aus ihrem Kopf ausgelagert. Wenn der Kopf abgeschlagen oder -gefressen wurde, dann verhungert und verdurstet sie, der Rest ihres Körpers funktioniert bis dahin jedoch noch prächtig.

Bekannt sind Berichte darüber, dass Kakerlaken nach Atomtests die einzigen Überlebenden waren. Die Kakerlake kann anscheinend eine viel höhere radioaktive Strahlung überleben als der Mensch und andere Tiere.

... und können krank machen.

Kakerlaken krabbeln über verwesende Tiere, Kot und danach über unsere Lebensmittel. Das macht sie so gefährlich. Im Labor hat man festgestellt, dass Krankheitskeime bis zu drei Tage auf ihren Körpern haften können. Eine weitere Gefahr besteht in dem Kot der Tiere, durch den Allergien ausgelöst werden können. Manche Mikroben im Verdauungsapparat der Kakerlake sind für andere Tiere extrem gefährlich, für die Natur jedoch hilfreich: Durch sie kann die Kakerlake Holz und Fäkalien verdauen und so wieder in den Nahrungskreislauf überführen. Was andere Tiere umbringt, macht der Kakerlake und ihrem starken Immunsystem nichts aus.

Und wenn Ihr PC plötzlich technische Störungen aufweist, dann könnte das entweder ein Virus sein oder aber eine Kakerlake, die nämlich gerne in elektronische Geräte eindringt.

R. K.

Lautstarker
Hausbesetzer –
der Siebenschläfer

Seinen einprägsamen Namen haben viele schon gehört. Man kennt ihn vom Hörensagen, und manch einer auch vom Hören an sich, denn wo sich der Siebenschläfer auf einem Dachboden oder anderswo im Haus niedergelassen hat, bleibt er zumindest dem menschlichen Gehör nicht verborgen. Zu Gesicht bekommen ihn jedoch nur wenige Menschen. Manch einer, der im Herbst einen Vogelnistkasten reinigt, stellt mit Erstaunen fest, dass sich in dem verlassenen Vogelnest ein grau-weißes Tierchen mit buschigem Schwanz und scheinbar riesigen dunklen Augen häuslich niedergelassen hat. Häufig stellt es sich bei einer solchen Begegnung auf die Hinterfüße und streckt den Kopf in die Höhe, sodass seine Nagezähne deutlich sichtbar werden. Dabei lässt es ein Rattern ertönen, das entfernt an eine Nähmaschine erinnert. Für tierische Höhleninspektoren wie höhlenbrütende Singvögel mag der aufgerichtete Siebenschläfer imposant erscheinen und das Geräusch an das Summen von Hornissen oder Wespen erinnern, sodass sie schleunigst das Weite suchen. Auch ein Mensch tut gut daran, den kleinen Kerl nicht in Bedrängnis zu bringen, denn mit seinen Zähnen kann er kräftig zubeißen.

Man könnte ihn als kleine Nachtversion des Eichhörnchens bezeichnen. Mit weiß gefärbter Brust und Bauch ist er im Dämmerlicht vom Waldboden aus gegen den hellen Nachthimmel nicht leicht zu erkennen, und auch von oben ist er durch den grauen Rücken gut in den dunklen Baumkronen getarnt.

In Blättern geboren und gebettet

Eigentlich ist der Siebenschläfer ein Baumhöhlenbewohner. Die Höhlen zimmert er aber nicht selbst, sondern nimmt, was fleißige Spechte und Fäulnisprozesse an geeignetem Wohnraum geschaffen haben. Alternativ bezieht er auch künstliche Nisthöhlen wie beispielsweise Vogelnistkästen. Als nachtaktives Tier verschläft er den Tag in seiner Behausung. Manchmal liegt er auf dem blanken Boden, häufiger ist er in einem Nest anzutreffen. Das kann ein Vogelnest oder ein selbst gebautes Nest aus frischen Laubblättern oder eine Kombination aus beiden sein. Findet man in einem Nistkasten eine Ansammlung von grünem Laub, deutet dies auf den Siebenschläfer als Urheber hin. Trifft man hingegen auf dürre braune Blätter, war höchstwahrscheinlich eine Wald- oder eine Gelbhalsmaus am Werk. Diese Arten tragen Falllaub vom Waldboden ein, um es sich in der Höhle gemütlich zu machen.

Je weiter die grünen Blätter im Kasten aufgetürmt sind, umso höher ist die Wahrscheinlichkeit, dass hier kleine Siebenschläfer im vergangenen Sommer das Licht der Welt erblickt haben. Denn in der Höhle wird nicht nur der Tag verschlafen, hier werden auch die Jungen geboren. Jeder der vier bis sechs unbehaarten Winzlinge wiegt bei der Geburt nicht mehr als ein Stück Würfelzucker. In den ersten Wochen werden sie von ihrer Mutter gesäugt. Erst nach drei Wochen öffnen sich die Augen der kleinen Siebenschläfer, und weitere drei bis vier Wochen später werden die Jungen selbstständig. Manche Siebenschläfer-Mütter tun sich in dieser Zeit zusammen und beziehen mitsamt Nachwuchs eine gemeinsame Unterkunft. Dann kann es recht turbulent in der Höhle zugehen.

Quartiere und Querelen

Wenn die Sonne untergeht, beginnt die Zeit des Siebenschläfers. Dann verlässt er seine Höhle und geht auf Nahrungssuche. Während er im Wald vor allem nach Bucheckern, Eicheln und anderen Früchten Ausschau hält, verlegt er sich in menschlichen Behausungen auch gerne auf exotische Speisen wie Bananen und Schokolade. Angebissenes Obst, Kotspuren und lautes Gepolter in hohlen Wandbereichen gehören zu den deutlichen Hinweisen, dass sich ein Siebenschläfer eingenistet hat. In Sommernächten ist er unüberhörbar.

Nordwestlich von London hat sich die Art zu einer wahren Plage gemausert. Viele Häuser sind fest in der Hand des Siebenschläfers, die im Übrigen keinen Daumen aufweist. Hier ist so mancher Hausbrand auf seine Nageaktivitäten an Stromkabeln zurückzuführen. Erst seit seiner Einführung 1902 treibt der kleine Nager auf der Insel sein Unwesen. Von einer regelrechten Siebenschläfer-Plage können hierzulande Bewohner der Stadt Osnabrück ein Lied singen. Im Sommer 2015 machten Siebenschläfer deutschlandweit Schlagzeilen. So hatte sich ein Siebenschläfer-Weibchen samt Nachwuchs in einem Stellwerk der Deutschen Bahn an der nordrhein-westfälischen Siegtalstrecke häuslich eingerichtet. Da die Tierart geschützt ist, musste die sensible Zeit der Jungenaufzucht abgewartet werden. Daraus resultierten Fahrplanänderungen sowie ein Busnotverkehr. Ähnlich verhielt es sich mit Siebenschläfern, die eine gerade aufwendig restaurierte Kirchenorgel im hessischen Odenwald in Beschlag nahmen.

Echte Langschläfer

Nicht nur sein Nachtleben, auch der lange Winterschlaf entzieht den Siebenschläfer unseren Blicken. Hierauf beruht auch seine Namensgebung: Die Sieben steht symbolisch für eine sehr lange Zeit. Sein Winterschlaf dauert etwa von Oktober bis Mai/Juni. In dieser Zeit verwandelt sich der Baumakrobat in einen Unterirdischen. Seinen Rückzugsort gräbt er sich entweder selbst in den Erdboden, oder er nutzt eine von Mäusen ausgehobene Erdhöhle. Darin rollt sich der Siebenschläfer in typischer Schlafmaushaltung zusammen: Der Schwanz liegt vor der Brust und überragt den Kopf, mit den Pfoten klappt er häufig die Ohrmuscheln nach vorne.

Der Siebenschläfer überwintert entweder allein oder zusammen mit Artgenossen. Wenn wir im November durch das raschelnde Herbstlaub stapfen, kann es sein, dass direkt unter unseren Füßen eine Gruppe grauer Fellbälle den Winter verschläft. Im Winterschlaf werden alle Körperfunktionen gedrosselt, um möglichst wenig Energie zu verlieren. Ein winterschlafender Siebenschläfer holt nur ein- bis zweimal in der Minute Luft. Im Herbst heißt es daher Futtern, was das Zeug hält beziehungsweise, was der Herbst hergibt. Dabei sind die Früchte von Eichen und Rotbuchen mit ihrem hohen Energiegehalt eine notwen-

Typische Schlafhaltung

dige und willkommene Kalorienbombe. Auf dem Balkan können Siebenschläfer mit bis zu 300 Gramm sogar mehr Gewicht auf die Waage bringen als ein Stück Butter.

Vorausschauende Familienplanung

Wenn der Siebenschläfer im Frühjahr wieder munter wird, heißt es schnell einen Partner finden, denn das Siebenschläfer-Jahr ist kurz. Zur Paarungszeit werden die Tiere deutlich gesprächiger. Schließlich findet die Suche nach paarungswilligen Artgenossen in der Dunkelheit statt. Nun kann man die Tiere fauchen und zischen hören. Zudem fabrizieren sie ein Geräusch, das entfernt an das Zirpen einer Grille erinnert. Haben sich zwei Siebenschläfer gefunden und gepaart, dauert es um die vier Wochen, bis sich Nachwuchs einstellt. In manchen Jahren bleibt es in Baumhöhlen und Nistkästen recht still: Dann kommen nur wenige oder gar keine Jungtiere auf die Welt. Viele Männchen bilden in diesen Jahren keine sichtbaren Hoden aus. Scheinbar können die Tiere bereits frühzeitig erahnen, ob ihre Nahrungsbäume im kommenden Herbst reichlich Früchte ausbilden werden oder nicht. So wird

sichergestellt, dass die Kleinen auf dem Weg in die Selbstständigkeit genügend Essbares finden, um mit ausreichend Fettreserven in den Winterschlaf zu gehen.

Eingebaute Fluchthilfe

In Acht nehmen muss sich der heimliche Nager vor den ebenfalls nachtaktiven Eulenvögeln Waldkauz und Uhu. Auch Baummarder, Wiesel und Iltis lassen sich Siebenschläfer schmecken. Und so manche Hauskatze bringt ihn als Beute von ihren nächtlichen Streifzügen mit nach Hause. Flieht ein Siebenschläfer, dann tut er das meistens in Richtung Baumkronen. Dabei läuft er nicht senkrecht am Stamm nach oben, sondern huscht in Kreisen hinauf, sodass ein Fressfeind sich bei der Verfolgung schwertut. Wird der Siebenschläfer von einem Feind am Schwanz erwischt, hat er des Öfteren Glück im Unglück: Sein Schwanz hat eine Sollbruchstelle, an der sich die Schwanzhaut leicht ablöst. Wird ein Siebenschläfer hier gepackt, so reißt das Hinterstück ab. Der verdutzte Fressfeind bleibt mit dem Endstück zurück, während der Siebenschläfer mit dem Leben und einem Stummelschwanz davonkommt, der zeitlebens nicht mehr nachwächst.

Essbare Schlafmaus

Neben vielen Tieren steht der Nager aber auch bei manchen Menschen auf dem Speisezettel. Bis heute hat in Slowenien und Kroatien die herbstliche Siebenschläfer-Jagd Tradition. Es gibt dort sogar Vereine, die sich der Jagd verschrieben haben. Die Jäger tragen traditionell aus Siebenschläfer-Fell gefertigte Mützen und tüfteln an ausgefeilten Fallen, um möglichst viele Tiere zu fangen. Ab der letzten Septemberwoche rücken die Jäger nachts aus und platzieren ihre Fallen in Bäumen und vor Erdlöchern, die die Tiere für die Überwinterung nutzen. Im slawischen Sprachraum hat auch das im Deutschen verwendete Wort Bilch seinen Ursprung, das hierzulande für alle Mitglieder der Familie der Schlafmäuse wie beispielsweise die Haselmaus verwendet wird. Die ursprüngliche slawische Bezeichnung bezieht sich auf die graue Fellfarbe des Siebenschläfers.

Auf dem Balkan kursiert seit Jahrhunderten die Sage, dass der Teufel die Bilche auf die Weide führe. Dabei führen sie den Menschen in die Kleider, würden gefangen, geschlachtet und verspeist. Diese Erzählung fußt darauf, dass die Tiere in großen Gruppen überwintern und im Frühjahr an die Erdoberfläche zurückkehren. Sie ist heute noch lebendig, wenn bei Karnevalsumzügen als Siebenschläfer verkleidete Kinder dem Teufel folgen. Das herbstliche Abtauchen des Siebenschläfers in die Unterwelt war lange bekannt, und der Bezug zum ebenfalls

unterirdisch angesiedelten Teufel lag nahe. So wurden auch markante Ohrverletzungen der Tiere dem Höllenbewohner zugeschrieben. Heute weiß man, dass sich die Siebenschläfer im Gerangel der Paarungszeit diese markanten Zeichen gegenseitig zufügen.

Bereits die Römer wussten das Fleisch des Siebenschläfers zu schätzen, und bis heute haben sich Rezepte zur richtigen Zubereitung erhalten. Die Tiere wurden in umzäunten Eichenhainen gehalten und in tönernen Gefäßen, den sogenannten Glirarien, gemästet. Bei Bedarf wurden sie entnommen, geschlachtet und verspeist. Im Englischen heißt der Siebenschläfer passend „Edible Dormouse", also Essbare Schlafmaus.

Der Siebenschläfer ist vielen Kleinkindern aus dem bekannten Kinderbuch „Bobo Siebenschläfer" von Markus Osterwalder ein Begriff. Am Ende jeder Geschichte schläft der kleine Kerl mit durchweg menschlichem Tagesablauf ein. Auch Janosch widmet dem Tier mit „Traumstunde für Siebenschläfer" ein ganzes Werk, in dem der äußerst verschlafene Piezke vom Fliegen träumt. Für nimmermüde Kleinkinder eignet sich vielleicht das schöne Schlaflied „Sieben kleine Siebenschläfer" von Dorothée Kreusch-Jacob.

Gut genährte Siebenschläfer

Der Siebenschläfer und das Wetter

Der gleichnamige Wetterlostag am 27. Juni hat nicht ursächlich mit dem Tier selbst zu tun. Vielmehr erinnert dieser Tag an sieben Männer, die im Zuge der Christenverfolgungen lebendig in einer Höhle nahe Ephesos in der heutigen Südwesttürkei eingemauert wurden. Dort fielen sie in einen zweihundert Jahre währenden Schlaf. Am Siebenschläfertag wird dieser sieben Schläfer gedacht. Die Großwetterlage ist ab der letzten Juniwoche relativ stabil und kann zumindest für Süddeutschland die Wetterlage der nächsten Wochen mit einer Wahrscheinlichkeit von 70 Prozent vorhersagen. Eine bekannte Wetterregel lautet: „Wenn die Siebenschläfer Regen kochen, mag es regnen sieben Wochen."

C. H.

Nachbarn

Kokette
Kosmopolitin –
die Taube

„Lieber ein Spatz in der Hand als die Taube auf dem Dach" – wer kennt dieses Sprichwort nicht, in dem wir es vorziehen, lieber das Gewöhnliche sicher zu haben, als das Wertvolle vielleicht irgendwann zu erreichen. Hier symbolisiert die Taube etwas Edles, Kostbares – gegenüber dem alltäglichen, wertloseren Spatz. Ein ungewohntes Bild für uns, denn heute prägt eher der Ekel vor den „Ratten der Lüfte" unseren Blick auf die Taube.

„Gehen wir Tauben vergiften im Park!"

Diese blöden Viecher. Alles kacken sie voll, stören mit ihrem Gegurre die Ruhe, übertragen Krankheiten und zersetzen historische Fassaden. Es sind einfach viel zu viele! Abschießen! Vergiften! So hört man es zum Teil heute noch.

Zum Teil stimmt das, zum Teil nicht. Taubenkot zersetzt keine Fassaden, wohl aber Pilze, die sich darauf breitmachen. Und Tauben sind keine extremen Krankheitsüberträger, jedenfalls nicht mehr als jeder andere Wildvogel auch. Die großen Mengen an Tauben in manchen Stadtteilen sind jedenfalls eine menschengemachte Plage. Es ist gut, wenn man das bei allen Taubenverwünschungen im Hinterkopf behält.

Doch wie dem auch sei, die vielen Tauben stören uns in den Städten, also wurden wir kreativ: Die Vögel wurden abgeschossen, mit Blausäure oder Schlafmitteln vergiftet oder eingefangen und dann getötet. Allerdings fraßen auch andere Vögel das Gift und Tierleichen machen sich nun mal nicht sehr gut in Fußgängerzonen. Eine „sanftere" Methode war die „Tauben-Pille", doch nicht nur Tauben fraßen

die Hormonbomben. Mittlerweile sollen Tauben gegen die „Antibaby-pille" resistent geworden sein.

Beim Gebäudeschutz waren und sind der Fantasie keine Grenzen gesetzt: Neben der Abwehr mit Elektrosystemen kommen optische Methoden wie rotierende Spiegel und Lasersysteme zum Einsatz. Akustisch setzt man auf Raubvogelschreie, Knallgeräte und Ultraschallsysteme. Gitter, Netze, glatte Winkel, Drähte und Spikes verhindern die Landung der Vögel. Chemisch erfand man ein Vogelabwehr-Gel und nutzt den Wirkstoff Methylanthranilat, der mit dem Zerstäuber verteilt wird und Tauben flüchten lässt. Und natürlich die künstlichen Raben, die allenthalben herumbaumeln. Doch Tauben sind clever und merken rasch, dass sie nicht echt sind. Viel Erfolg hat man so oder so nicht mit all diesen Strategien. Ist ein Gebäude geschützt, weichen die Tiere auf ein anderes aus.

Neben all diesen Methoden hat man heute einen artgerechteren Weg entdeckt, damit die Tauben gesund, die Gebäude geschützt und der Mensch zufriedener ist: Man baut Taubenschläge.

Raus aus 'm Schlag – rein in 'nen Schlag

So lästig die Tauben auch sein mögen, sie sind nicht von ungefähr in unsere Städte gekommen. Je nachdem, wie man es sehen möchte, waren sie Opfer oder Profiteure des Zweiten Weltkrieges. Tauben begleiteten den Menschen über Jahrtausende: Er züchtete die Haustaube vor etwa 5000 Jahren aus der wilden Felsentaube und nutzte sie als Brief- und besonders als Masttaube. Taubenzucht (auch mit dem Ziel besonderer Flugeigenschaften oder einfach der Schönheit) und Taubenhaltung waren verbreitete Freizeitbeschäftigungen. Auch heute noch werden Tauben gezüchtet, neben der Hochleistungssportlerin Brieftaube auch andere Rassen, wie zum Beispiel die weißen Tauben. Früher waren Taubenschläge ein bekanntes Bild in Stadt und Dorf. Hier hielt und züchtete man Tauben, die vor allem der Ernährung dienten (Masttauben), der Kot wurde als Dünger genutzt.

Mit dem Zweiten Weltkrieg änderte sich dies. Der Mensch hatte anderes zu tun, als sich um seine Tauben zu kümmern. Viele Schläge wurden im Laufe des Krieges zerstört, die Tiere verloren plötzlich ihre Heimat. Die Nachfahren der Felsentaube fanden jedoch eine neue in den Ruinen der Städte.

Die Stadttaube

Die Wohlstandsgesellschaft, die danach folgte, brachte mehr Abfälle und Geld, um Tauben zu füttern. Die Stadttauben waren nun im
Paradies gelandet, entsprechend überlebten mehr und die Vermehrung
explodierte – sie wurden zur Plage.

Seit einigen Jahren nun greift man zurück auf die Idee der Taubenschläge. Städte errichten sie, Ehrenamtliche oder offizielle und be-
zahlte Taubenbeauftragte kümmern sich um sie. Tauben ziehen ein,
fressen dort artgerechtes Futter, trinken sauberes Wasser und bleiben
so gesund. Sie koten in die Schläge und die umliegenden Gebäude
werden nicht verschmutzt. Da sie in den Schlägen nisten, kann man
mithilfe von Gipseiern sanfte Nachwuchskontrolle betreiben. So sind
die Tauben schließlich dorthin zurückgekehrt, von wo sie Krieg und
Not vertrieben haben: in den Taubenschlag.

Taubenarten

Tauben sind eine Familie mit sehr vielen Mitgliedern – nicht nur Individuen, sondern auch Arten. Etwa 320 verschiedene Taubenarten
existieren weltweit, vier Wildtaubenarten gibt es in Deutschland: die
Ringel-, Turtel-, Hohl- und Türkentaube. Hinzu kommt noch die Haustaube, verwildert auch Stadt- oder Straßentaube genannt. Inzwischen

mischen sich immer wieder verwilderte Zuchttauben unter die Stadt-tauben, sodass das Gefieder sehr unterschiedlich ausfällt. Häufig sind diese Neuzugänge Wettkampftauben, die auf weiten Strecken ermü-den, irgendwo stranden und ein Leben unter den Stadttauben führen. Ihre Besitzer wollen die „Versager" meist nicht zurückhaben, obwohl sie durch ihre Beringung eindeutig zugewiesen werden können. Seltener sieht man die ursprünglich sehr scheue Ringeltaube, meist in Parks oder auf Freizeitflächen. Sie ist größer als die Haustaube und an ihrem weißen Fleck am Hals gut zu erkennen.

Tischmanieren

Tauben ernähren sich meist von pflanzlicher Nahrung. Viele von ihnen zerteilen ihr Futter nicht, auch wenn es relativ groß ist, sondern schlu-cken es im Ganzen herunter. Auch Körner werden nicht enthülst, ein typisches Verhalten von Fluchtvögeln. Zur weiteren Verdauung helfen Steinchen, die die Taube frisst und die dann in ihrem Magen die Nah-rung zerreiben. Aber das tun viele Vögel und nicht nur Vögel, auch Krokodile, Robben und mancher Dinosaurier sind oder waren soge-nannte Lithophagen (Steinfresser). Da die Taube keine Zähne besitzt, muss sie die harten Körner ja irgendwie klein kriegen.

Wie trinken Vögel normalerweise? Schnabel ins Wasser, diesen voll-laufen lassen, Kopf in den Nacken und das kühle Nass gleitet den Ra-chen hinunter. Sie tun dies, weil ihnen die Muskulatur zum Schlucken fehlt. Tauben jedoch hocken vor dem Wasser, strecken ihren Schnabel hinein und saugen es ein. Dabei schließen sie ihre Nasenlöcher und der Schnabel dient ihnen als Strohhalm.

Auch die Babynahrung ist eine andere als bei den meisten Vögeln: Tauben stillen ihre Küken. Ja, wirklich, aber natürlich stillen sie nicht so wie ein Säugetier. Sie stellen jedoch eine Art Milch für die Kleinen her. In ihrem Kropf entsteht während der Brutzeit eine weißliche Masse, die an Käse erinnert, die sogenannte Kropfmilch. Die Jungen saugen sie aus dem Schlund ihrer Eltern heraus. Die Kropfmilch ist mit 25–30 Prozent Fettanteil sehr gehaltvoll, enthält zudem Proteine, Vitamine und Minera-lien, außerdem immunisierende Stoffe und Antioxidantien. Die Tauben sind nicht die einzigen Vögel, die „Milch" herstellen können: Ähnlich füttern auch Flamingos und Kaiserpinguine ihre Jungen.

Taubenjobs

Heute dient sie dem Sport, einem Wettbewerb im Weitflug und im Heimfindevermögen, doch seit der Antike war die Brieftaube ein wichtiges Kommunikationsmittel. Sie war es, weil sie auch aus weiten Entfernungen ihren Nistplatz wiederfindet. Meist werden Brieftauben zu einem fernen Ort transportiert, von dem aus sie ihren Rückflug antreten. Da sie nicht hingeflogen sind, sondern heute meist in fensterlosen Fahrzeugen transportiert werden, müssen sie unbekanntes Terrain überfliegen und können sich nicht an markanten Punkten orientieren. Hier hilft ihnen ihr Magnetsinn, mit dessen Hilfe sie sich am Magnetfeld der Erde orientieren können. In ihrem Schnabel befinden sich Magnetitkristalle, die in den Endigungen der Nervenzellen liegen und als Magnetfeldsensoren dienen. Doch auch der Sonnenstand, sogar Gerüche und vielleicht die Temperatur sollen ihnen bei der Heimkehr helfen. Forscher beschäftigen sich auch heute noch mit

Der Flug der Taube und ihre Orientierung – Stoff für rege Forschertätigkeiten.

dem Heimfindevermögen der Tauben. Brieftauben sind übrigens sehr schnell, sie können bis zu 120 km/h fliegen. Weil man mit ihnen Wettbewerbe veranstaltet, nennt man sie auch das „Rennpferd des kleinen Mannes".

Neben der Brieftaube gab es auch immer die Masttaube, die einen sehr geschätzten Braten lieferte. Ein gemästetes und gebratenes Täubchen war ein Festmahl. Noch heute kann man sie kaufen, im Internet findet man die passenden Rezepte.

Und warum nennt man Wurfscheiben Tontauben? Weil man dafür früher lebende Tauben nutzte. Sie waren ein „Schießobjekt", auch Wurftaube genannt. Heute besteht die Tontaube aus Ton, der häufig mit schädlichen Substanzen versetzt ist. Manche Schießplätze sind mit Giften belastet, die ins Grundwasser gelangen.

Falken und Tauben

Es gibt Politiker, die mutieren vom Falken zur Taube, vom Hardliner zum Pazifisten. Das Gegensatzpaar Falke – Taube ist nicht nur in der Politik präsent. Man stellte sich die Frage: Was passiert, wenn die beiden Vogelarten miteinander kämpfen? Falke gegen Falke? Falke gegen Taube? Taube gegen Falke? Taube gegen Taube? Diese vier Möglichkeiten sind Basis für evolutionäre Theoriemodelle, eine evolutionäre Spieltheorie. Der Falke steht hier für „aggressive Verhaltensweise" und die Verletzung der Regeln des sogenannten Kommentkampfes, der mehr Ritual als Kampf ist, die Taube für eine „friedliche Verhaltensweise" und für den Kommentkampf. Wer jedoch Tauben beobachtet hat, der kann sehen, dass sie auch durchaus aggressiv gegeneinander kämpfen.

Nichtsdestotrotz galt und gilt die Taube als Symbol für den Frieden. Berühmt ist die Friedenstaube von Pablo Picasso, die das Symbol des Weltfriedenskongresses 1949 wurde. Eine weiße Taube auf blauem Grund ist auch das Symbol der Friedensbewegung. Nicht vergessen sollte man die Turteltäubchen – Frieden und Liebe symbolisieren die weißen Hochzeitstauben, die bei manchen Feiern in den Himmel geworfen werden. Wer möchte in diesem Moment von Ratten der Lüfte sprechen?

R. K.

131

Pfiffiger Futtergast – die Meise

Wenn der Ruf der Kohlmeise an einem sonnigen Wintertag zum ersten Mal erklingt, weckt dies bei manchem erste Frühlingsahnungen. Zahlreiche Vogelkundler beschreiben die typische Tonfolge schlicht als „zi-zi-bee". Vielerorts wurde sie aber auch mit Worten unterlegt. So wurde sie regional als Kompliment des Männchens an das angebetete Weibchen verstanden: „Du bist lieb!" Dies kommt der eigentlichen Funktion als werbendem Reviergesang schon recht nahe.

Regional galt der Ruf als Aufforderung an die Landbevölkerung, die Pflugschar bereit zu machen. „Spitz die Schar!", erklang es hier. Ähnlich wie beim Kuckuck entstand daraus die rheinische Artbezeichnung Spitzeschar. Gleichermaßen verhält es sich mit der osthessischen Bezeichnung „Düddsegrät". Zusammengesetzt aus zwei sonst stets getrennt verwendeten Dialektbegriffen, nämlich „Düddse" (Zitze) und „Grät" (Grete), beschreibt sie lautmalerisch den Meisenruf. Dieser gilt hier als Regenkünder: „Wann die Düddsegrät rüfft, da gibt's Reeche."

Als Künder strenger Winterkälte wurde hingegen eine ans Fenster klopfende Meise in Estland angesehen.

Knirpse mit Couleur

Die Kohlmeise und ihre Verwandtschaft sind allesamt zierliche Vögel, und diese augenscheinliche Eigenschaft spiegelt sich auch im Namen wider, wenn auch nicht offensichtlich. Denn die Bezeichnung Meise rührt wahrscheinlich von einem im Deutschen nicht mehr gebräuchlichen Eigenschaftswort (*maisa*) her, das so viel wie „klein, dünn" bedeutet.

Bei der kleineren Blaumeise ist der Name Programm: Sie trägt als einziger mitteleuropäischer Kleinvogel eine blaugelbe Farbkombination, wobei sich die Geschlechter äußerlich nicht sicher unterscheiden lassen. Die Kohlmeise erhielt ihren deutschen Namen wegen der teils kohlschwarzen Färbung der Federn. Das Männchen trägt schwarzglänzendes Kopfgefieder und einen gleichfarbigen breiten Streifen auf der gelben Brust, der sich nach unten seitlich ausdehnt. Beim Weibchen setzt sich die mattschwarze Färbung des Kopfes in einem schmalen, von hellen Federn durchsetzten Streifen fort. Die gelbe Brust gab im 16. Jahrhundert Anlass zu der Überzeugung, die Kohlmeise helfe gegen die Gelbsucht.

Auffällig sind auch die weißen Wangen, die beim Männchen durch einen breiteren schwarzen Streif im Halsbereich abgegrenzt sind. Hierauf beruht der in Österreich gebräuchliche Name Spiegelmeise. Nordische Artbezeichnungen lassen die Vorliebe der Kohlmeise für tierische Nahrung erkennen, so das schwedische *talgoxe* (Talgochse) und die dänische Bezeichnung *kijedmeis* (Fleischmeise).

Eine Meise kann aber auch ein Schimpfwort sein. Als solche bezeichnete man in der Schweiz zu Beginn des 20. Jahrhunderts lebhafte, leichtsinnige Mädchen.

Höhlenbewohner

Meisen ziehen ihre Kinder im Verborgenen groß. Sie sind Höhlenbrüter. Ihre Kinderstuben bauen sie allerdings nicht selbst, sondern sind auf die Vorarbeit von Spechten und Pilzen angewiesen. Alternativ nehmen sie aber auch gerne Nistkästen sowie Höhlungen aller Art an. So kommt es zu Meisenbruten in Stiefelschäften, Briefkästen und in Grabmalen, vorausgesetzt das Einflugloch hat einen Durchmesser von etwa drei Zentimetern.

Ein Nest für den Nachwuchs

In puncto Nestbau herrscht bei Meisen keine Gleichberechtigung. Die Weibchen bauen das komplette Nest in der Regel allein. Unterstützende Männchen sind absolute Ausnahmeerscheinungen. Das Nest besteht aus einer Unterlage aus Moos, die bis zu fünf Zentimeter dick sein kann. Kohlmeisen verwenden hierfür komplette Moospflänzchen, während Blaumeisen die oberen, feineren Teile der Pflanzen bevorzugen. Beim Bau schüttelt das Kohlmeisenweibchen mit seitlichen Schnabelausschlägen das neu eingetragene Nistmaterial in das bereits vorhandene ein. Dann stützt es sich auf seine Flügel, bohrt den Schnabel in die Nestwand und befördert das Material strampelnd aus der Mulde an die Seiten. Die Nestmulde wird mit den Haaren von Wild-, aber auch von Haustieren ausgepolstert. So wird in der Nähe von Schafweiden Wolle verbaut, und auch Hundehaare kommen häufig zum Einsatz. Blaumeisen verarbeiten zusätzlich auch Federn anderer Vögel. Der Bauprozess dauert unterschiedlich lange, zwischen zwei und zwanzig Tagen.

Ei um Ei

In das fertige Nest legt eine Kohlmeise jeden Morgen ein weißes Ei mit rötlichbraunen Tupfen, bis das Gelege mit sechs bis zwölf Eiern komplett ist. Ihr erstes Ei legen Kohlmeisen heute früher ab als noch vor vier Jahrzehnten – eine Antwort auf das sich wandelnde Klima. Wenn es das Nest verlässt, deckt das Weibchen die bereits vorhandenen Eier häufig mit Tierhaaren zu. Während der gesamten Eiablagephase übernachtet es in der Höhle. Beim abendlichen Eintreffen setzt es sich für einige Zeit auf die Eier, deren Temperatur daraufhin ansteigt. Dann richtet es sich auf und verbringt die restliche Nacht stehend auf dem Gelege, ohne es zu berühren. So bleiben die Eier wärmer als die Umgebung, aber kühl genug, um die Entwicklung der Vogelembryos zu verhindern. Wenn die Komplettierung des Geleges naht, verlängert sich auch die Zeit, die das Weibchen sitzend auf den Eiern verbringt. In besonders warmen Frühjahren beginnen Kohlmeisen früher mit der vollen Bebrütung, um die Jungen später optimal versorgen zu können. Denn die Frühjahrswärme bewirkt einen verfrühten Schlupf von Schmetterlingsraupen, und davon braucht ein Meisenkind um die 1000 Stück, um groß zu werden.

Zur optimalen Temperaturregulierung verlieren die Weibchen während der Brutzeit im Bauchbereich Federn, sodass die Eier direkt an der blutgefäßreichen Haut anliegen. Man bezeichnet die federlose Stelle

als Brutfleck. Vierzehn Tage lang werden die Eier bebrütet. In der Brut-
phase kommt immer wieder das Männchen vorbei und lockt seine
Partnerin aus der Höhle, um sie zu füttern oder um mit ihr gemeinsam
nach Fressbarem zu suchen.

Winzlinge

Beim Schlupf wiegt eine klitzekleine Kohlmeise mit wenig mehr als einem Gramm gerade mal ein Drittel eines Würfelzuckerstücks. In ihrer
ersten Lebenswoche können die noch nackten und blinden Jungvögel
ihre Körpertemperatur noch nicht selbst regulieren und werden daher zunächst von der Mutter gehudert, das heißt gewärmt. Die frühe
Nestlingszeit ist die Stunde des Vaters, denn der ist jetzt als alleiniger
Futterlieferant im Volleinsatz. Dabei kann er nicht sicher sein, dass all
die winzigen Piepmätze, die ihm ihre gelben Schnäbel entgegenre-
cken, auch wirklich die eigenen Nachkommen sind. Zwar führen Meisen monogame Saisonehen, aber es kommt immer wieder zu einem
heimlichen Stelldichein mit benachbarten Revierinhabern und damit
zu gemischten Vaterschaften.

Wird eine Meisenmutter durch Mensch oder Tier in der Bruthöhle
gestört, zeigt sie das typische Drohverhalten: Sie zischt, klappt den
aufgesperrten Schnabel hörbar zu und schlägt mit den Flügeln an die
Höhlenwand. Damit hofft sie, Eindringlinge in die Flucht zu schlagen,
was aber im Falle von Wiesel und Waschbär nicht gelingt. Diese verspeisen gerne Eier, Jungtiere und Altvögel.

Füttern und Pflegen

Wenn die winzigen Kohlmeisen größer sind und die ersten wärmenden Federn sprießen, füttern beide Elternteile. Neben Raupen werden
auch andere Insekten sowie Spinnen verfüttert.

Die Nestlingszeit ist Schwerstarbeit für die Eltern: Durchschnittlich
alle zwei Minuten fliegt eines der Alttiere mit Beute an. Das Füttern
ist wahre Maßarbeit: Damit das angelieferte Futterstück optimal po-
sitioniert ist, wird es bis zu 25-mal in den Rachen eines Meisenkin-
des gesteckt und dann wieder zurückgezogen. Zudem stopfen die

Blaumeise füttert Nachwuchs.

Eltern mehrfach nach und prüfen, ob der kleine Vogel auch wirklich schluckt. Nach dem Füttern werden noch weitere Pflegemaßnahmen erledigt: So wird Nistmaterial, das sich in Babyschnäbeln verfangen hat, herausgezogen. Außerdem wird das Nest geschüttelt, um Insekten zu vertreiben und die Keratinschuppen, die bei der Federentwicklung herabrieseln, auf den Höhlenboden zu verfrachten. Die Kotpakete der Jungen werden in den ersten Tagen von den Eltern gefressen, später dann ausgetragen. Blaumeiseneltern streiten erstaunlicherweise, wer diese Arbeit übernehmen darf. Und das obwohl bis zu 15 000 Beuteflüge pro Brut keine Seltenheit sind!

Meisenmeilen

Nach knapp drei Wochen fliegen die Kleinen aus und ziehen dann für etwa zwei weitere Wochen in lautstarken Familientrupps umher. Anfangs werden sie noch von ihren Eltern gefüttert, nach und nach werden sie zunehmend selbstständiger. In ihre Bruthöhle kehren sie nicht mehr zurück. Und nur die wenigsten von ihnen bleiben in der Nähe des Geburtsorts. Die meisten zieht es fort, in Entfernungen von mehr als 30 Kilometern.

Die Meise, die im Winter äußerst wendig an Futterhäuschen und Meisenknödel turnt, ist nicht zwangsläufig dieselbe wie die, die im kommenden Frühjahr ganz in der Nähe brütet. Denn Meisen reisen: Sie unternehmen jahreszeitliche Wanderungen im Herbst und Spätwinter, vor allem, wenn die Nahrung knapp ist. Die Schwärme können dabei aus hundert und mehr Tieren bestehen. Vor allem aus der Mitte und dem Nordosten Europas zieht es Kohl- und Blaumeisen an klimatisch günstigere Orte. Dabei können die kleinen Vögel beeindruckende Entfernungen überwinden: Zu den Rekorden zählt eine Kohlmeisen-Reise über mehr als 3000 Kilometer aus dem Harz/Deutschland bis nach Westsibirien. Mehrere Blaumeisen aus Niedersachsen zogen nachweislich bis nach Südfrankreich.

Wintergast

Schlummerkasten

In der kalten Jahreshälfte wird die Kinderstube zum Schlafzimmer. Denn vor allem die Kohl- und Blaumeisen nutzen Nisthöhlen als winterlichen Schlafplatz. So ist denn auch eine wissenschaftliche Methode neben dem Netzfang von Vögeln an Futterstellen die nächtliche Kontrolle von Nistkästen im Herbst und Winter.

Meisen bevorzugen saubere Höhlen, weil in Nestern bis zu 1000 Flöhe beheimatet sein können. Mit dem Entfernen der alten Nester im Sommer kann man daher jede Menge für den Schlafkomfort der Meisen tun.

Die Meise hat als eine von wenigen Vogelarten einen festen Platz in unseren gängigen Redewendungen. So wird Menschen mit Marotten nachgesagt, sie hätten eine Meise, also statt eines Gehirns einen Vogel im Kopf. In Österreich konnte der Besitz einer Meise bis zur Einführung des Euro durchaus positiv sein, denn der 1000-Schilling-Schein wurde wegen seiner Farbe als Blaumeise bezeichnet.

Weise Meisen

Meisen sind lernfähig, das äußerst sich unter anderem bei der Nahrungsbeschaffung. So lernten Blaumeisen in Großbritannien und in Hamburg in den 1920/30er-Jahren den Stanniolverschluss von Milchflaschen zu öffnen, um den Rahm zu stibitzen. Die Technik verbreitete sich großräumig, und vereinzelt verfolgten die gefiederten Diebe sogar den Milchwagen.

C. H.

Geschäftige Groß-
familie – die Ameise

A meisenalgorithmus, Ameisenküsse, Ameisenpflanzen! Was es nicht
alles gibt! Die kleinen Krabbler inspirieren und faszinieren die
Menschheit. Zu Recht, denn was sie so können und wie sie organisiert
sind, ist schon packend. Doch weniger gerne sehen wir eine Ameisenstraße, die in unsere Küche führt.

Ameisen als Gärtner

Eine der am höchsten
entwickelten Amei-
senarten ist die
Blattschneiderameise.
Sie lebt in den Tropen
und Subtropen, bei uns
kann man sie häufig
in zoologischen Gärten
bewundern.

Eine große Blattschneiderameise trägt das
Stück eines Blattes.

Diese Ameisen legen
unterirdische Gärten
an, um sich und ihre
Larven zu ernähren. In diesen Gärten züchten sie einen Pilz, der auf
Blättern gedeiht. Die „Ernte" dieser Blätter geschieht in einer exakten
Arbeitsteilung: Sie werden von bestimmten Arbeiterinnen vom Baum
geschnitten, von anderen ins Nest getragen, wobei kleinere „Leib-
wächter" auf den Blättern mitgetragen werden. Im Nest werden sie
zerkaut und in die „Gärten" gebracht, wo sie mit dem Pilz bepflanzt
werden. Sehr kleine Arbeiterinnen hegen diese Gärten und düngen
sie mit ihrem Kot. Zudem verfügt das Nest über eine Klimaanlage,
denn Temperatur und Luftfeuchtigkeit müssen konstant gehalten
werden.

Ameisen, Ameisen, Ameisen

Es gibt erstaunlich viele Ameisen – nicht nur in einem Nest, sondern auch etwa 9600 verschiedene bekannte Arten weltweit. Davon leben in Deutschland mehr als 100, einheimische und zugewanderte. Manche von ihnen stammen aus den Tropen und können nur in Gebäuden überleben, zum Beispiel die Pharaoameise. In Deutschland sind ungewöhnliche Arten zu finden: die Vierpunktameise (selten, mit vier hellen Flecken auf dem Hinterleib), die Wohlriechende Hausameise (sie duftet allerdings nur, wenn man sie zerdrückt), die Weißfußameise (klingt wie ein Indianername, kommt aber von der hellen Färbung ihrer Unterschenkel und Fußglieder) oder die Kippleibameisen (dunkler Körper mit leuchtend rotem Kopf, sie kippt ihren herzförmigen Hinterleib bei Gefahr nach vorne).

Garten-Ameisen

Doch wenn wir Ameisen in der Nähe unseres Hauses begegnen, dann sind es überwiegend Schwarze oder Gelbe Wegameisen. Die Schwarze ist häufiger und wird meist als Gartenameise bezeichnet. Zudem trifft man noch oftmals die Rote Gartenameise.

Die Arbeiterinnen unserer Wegameisen sind zwischen zwei und fünf, die Gartenameisen vier bis sechs Millimeter groß, vertilgen Honigtau von Blattläusen, Schildläusen, Blattflöhen und Zikaden und jagen Insekten. Sie sind Nützlinge, weil sie im Boden graben und ihn so durchlüften. Sie fressen andere Insekten und Spinnen und verhindern dadurch, dass diese überhandnehmen. Als Aasfresser führen sie Nährstoffe wieder dem natürlichen Kreislauf zu und vermindern die Ausbreitung von Krankheiten – somit erfüllen sie eine wichtige Aufgabe im Ökosystem. Und sie bestäuben Pflanzen. Uns stören sie, wenn sie in Reih und Glied Richtung Zuckerdose marschieren, wenn sie Blattläuse auf unseren Lieblingspflanzen beschützen oder unter Terrassen und Pflastersteinen siedeln.

Die Gelbe Wegameise wird auch Wiesenameise genannt, denn sie lebt gerne unter Rasenflächen – sie kann oberirdische Aufschüttungen in der Größe von Maulwurfshügeln errichten, die allerdings mit Gras bewachsen sind. Man begegnet diesen Ameisen kaum, denn sie halten

Wurzelläuse als hauseigene Honigtauproduzenten in ihren Bauten. Deshalb haben die Gelben Wegameisen kaum Grund, ihren Bau zu verlassen. Falls Sie Ameisen im Garten haben: Genießen Sie sie als Nützlinge. Falls aber der Lästigkeitsfaktor überwiegt, dann ist es ratsam, sie nicht zu töten, sondern umzusiedeln. Der Trick ist, die Ameisen selbst den Umzug bewerkstelligen zu lassen. An Ihnen ist es nur, die Übergangswohnungen anzubieten – und zwar Blumentöpfe aus Ton (ohne Abflussloch), die mit feuchter Holzwolle oder feuchtem Stroh gefüllt und mit der Öffnung nach unten auf dem Nest platziert werden. Bald beginnen die Ameisen mit dem Umzug und tragen ihre Puppen in die Blumentöpfe, die dann ganz einfach an den zukünftigen Siedlungsort getragen werden können.

Perfekte Organisation

Eine Ameise alleine kann nicht viel bis gar nichts ausrichten. Aber in einem Ameisenstaat leben Millionen von Tieren, von denen jedes seine Aufgabe hat. Es gibt eine Königin (oder mehrere), die die Eier legt. Um Königin und Eier kümmern sich die unfruchtbaren Arbeiterinnen, die viele Aufgaben verrichten: Sie erweitern das Nest, indem sie Kammern graben, die für den Nachwuchs, den Vorrat oder den Abfall genutzt werden. Sie kümmern sich um die Nahrung für Königin, Brut und Kolleginnen. Ameisen füttern die Larven oder andere Ameisen, indem sie Nahrung aus ihrem Kropf hervorwürgen – dies bezeichnet man als Ameisenkuss. Dann gibt es noch die Soldatinnen, die das Nest verteidigen. Die Männchen befruchten die Königin auf ihrem Hochzeitsflug. Alles ist geordnet und funktional.

Fressen

Ameisen sind Schleckermäuler, denn sie lieben den Honigtau, den Blattläuse und andere Insekten ausscheiden. Sie „melken" die Läuse, indem sie sie betrillern, das heißt mit ihren Fühlern am Hinterleib betasten. Dadurch ermuntern sie die Läuse, den zuckerhaltigen Saft auszuscheiden. Sie beschützen die Blattläuse und siedeln sie zuwei-

*Ameisen
betreuen
Blattläuse.*

len um. Wenn sie etwa ihr Nest verlegen müssen oder Gefahr droht, tragen sie sie weg.

Manche Ameisen ernähren sich auch von Pflanzensamen. Sie sammeln sie ein und schleppen sie in ihre Nester. Doch für die Pflanzen sind Samen und damit die Nachkommen nicht verloren. Vielmehr verlassen sie sich auf die Verbreitung ihrer Samen durch die Ameisen. Diese fressen die Samen auch nicht, sondern nur die Gewebeanhängsel, die Proteine und Fett oder Kohlenhydrate enthalten. Die Samen können danach in Ruhe keimen.

Sprechende Düfte

Die Kommunikation der Ameisen erfolgt meist über spezielle Duftstoffe, die Pheromone. Duftspuren verwandeln die Route einer Ameise, die eine Futterstelle gefunden hat, in eine Ameisenstraße. Der Nestgeruch weist Ameisen einer Kolonie gegenüber anderen als zusammengehörig aus. Allerdings gibt es Parasiten, die die Duftsignale der Ameisen imitieren. So können manche Käfer, Raupen, Silberfischchen, Milben oder Wespen in Ameisennester eindringen und dort unbehelligt die Vorräte der Ameisen vertilgen.

Ameisenpflanzen

Myrmekophylaxis – das ist kein Zauberwort, das man murmeln muss, damit die Ameisen die Küche verlassen, nein, es bezeichnet die Symbiose zwischen Ameisen und Pflanzen. Wer hat was davon? Die Pflanzen bieten den Tieren Wohnraum, Schutz und manchmal Nahrung, die Ameisen vertreiben Fraßfeinde der Pflanze und räumen Blätter oder andere Teile benachbarter Pflanzen aus dem Weg, falls diese ihrer Pflanze das Sonnenlicht stehlen.

Meist sind dies tropische Pflanzen, etwa Akazien und manche Bromelien, die mit den Ameisen eine starke Schutztruppe anheuern.

Giftspritze

Eine Ameise verteidigt sich ganz direkt und schmerzhaft mit ihrem kräftigen Oberkiefer, der zu einer Art Kneifzange umgebildet ist. Mit diesem kann sie Nahrung oder Beute greifen und transportieren oder eben Gegner attackieren. Aber manche Ameisenart nutzt auch eine Säure, die sie aus einer Drüse am Hinterleib auf ihre Feinde spritzen kann. Ameisensäure, auch Methansäure genannt, ist eine sogenannte schwache Säure, aber deswegen nicht ungefährlich. Eine effektive Waffe des kleinen Insekts, das es auch gegen andere Ameisenvölker einsetzt – womit wir uns in die Abgründe des chemischen Krieges begeben.

Die Ameisensäure haben die Ameisen nicht exklusiv für sich gepachtet. Auch andere Tiere, etwa Skorpione, aber auch Pflanzen, zum Beispiel die Brennnessel, nutzen ihre ätzende Eigenschaft. Ihren Namen erhielt die Substanz, weil sie erstmals durch die Destillation von Ameisen gewonnen wurde. Ameisensäure, auch bekannt als Formicin, soll gegen Rheuma helfen. Eine Behandlungsmethode bei Rheuma war früher, die Patienten auf einen Ameisenhaufen zu setzen und auf „viele Ameisenbisse" zu hoffen.

Nun sitzt, wie gesagt, die Drüse mit der Säure am Hinterleib der Ameise. Das scheint erst einmal ziemlich unpraktisch für den Fall, dass sie von vorne oder von der Seite attackiert wird. Doch hier hilft der Umstand, dass ihr Körper in der Mitte stark eingeschnürt ist, wodurch der Hinterleib sehr beweglich ist. Manche Ameisen können ihn gleich einem Skorpion sogar nach oben-vorne biegen (etwa die oben erwähnten Kippleibameisen), alle sind fähig, ihn unter dem Körper nach vorne zu kippen. So können sie auch einen Feind in Blickrichtung abwehren. Beißwerkzeug und Giftspritze können sich dank der Beweglichkeit also direkt nebeneinander befinden, und zuweilen wird das Gift nicht gespritzt, sondern direkt in eine Wunde platziert – eine Wunde, die die Ameise zuvor selbst ihrem Feind mit den kräftigen Mundwerkzeugen zugefügt hat.

Algorithmen

Nein, Ameisen beherrschen keine Mathematik – zumindest soweit wir es wissen – aber sie sind Vorbilder für einen Algorithmus, den sogenannten Ameisenalgorithmus. Dabei geht es darum, den kürzesten Weg zu finden. Grundlage ist, dass Ameisen bei der Futtersuche mal rechts, mal links laufen, bis sie fündig geworden sind. Wollen nun ihre Genossinnen zur Nahrung kommen, so folgen sie der Duftspur, die diese Ameise auf ihrem Weg hinterlassen hat. Oft ergeben sich mehrere Wege vom Nest zur Futterstelle, längere und kürzere, doch rasch bildet sich eine Ameisenstraße auf der kürzesten Route.

Der Grund ist, dass die Duftspur auf dem direkten Weg schneller erneuert wird und dadurch intensiver ist. Darauf reagieren immer mehr Ameisen und intensivieren so ebenfalls die Duftspur – bis schließlich alle Tiere auf einem Pfad laufen. Hier sagt kein Chef, was die Tiere tun sollen, nein, Schwarmintelligenz ist das Stichwort. Die Tiere wählen selbstständig den Weg, letztendlich wählen alle denselben.

Der Ameisenalgorithmus wird genutzt, um Routen für den öffentlichen Nahverkehr oder Lieferservices zu optimieren, zudem für Telefonnetzwerke (z. B. AntNet) und logistische Systeme.

R. K.

Blitzgescheite
Schwärmerin –
die Krähe

E ine Krähe macht noch keinen Winter. So besagt es eine alte, fast vergessene Redewendung. Die kalte Jahreszeit ist die Zeit der Krähenschwärme. Dann sind die schwarzen Vögel in großen Scharen unterwegs, im unbelaubten Geäst leicht zu sehen und kaum zu überhören. Ihre unverkennbaren Rufe, das heisere „Krää-krää", trugen ihnen den Namen ein. Auch wenn die Lautäußerungen für das menschliche Ohr nicht sonderlich wohlklingend erscheinen, zählen Krähen zoologisch zu den Singvögeln.

Krähen-Grenzen

Nun ist Krähe nicht gleich Krähe. Am Berliner Alexanderplatz tummelt sich anderes Federvieh als im Englischen Garten in München. Denn Deutschland ist aus Krähenperspektive ein zweigeteiltes Land. Etwa entlang der Elbe verläuft die Grenzlinie der Krähen. Im Westen leben die tiefschwarzen Rabenkrähen, während im Osten die zweifarbigen Nebelkrähen heimisch sind. Neben schwarzem Gefieder an Kopf und auf den Flügeln sind große Teile von Brust und Rücken neblig grau gefärbt.

Äußerlich sind sie gut zu unterscheiden, genetisch liegen sie jedoch nicht sehr weit auseinander. Je nach Überzeugung werden sie von Zoologen als zwei gänzlich unterschiedliche Arten oder als Spielarten einer einzigen Art, der Aaskrähe, eingestuft. Die Krähen kümmern solche Diskussionen nicht, und so kommt es vereinzelt zu Liebschaften zwischen Raben- und Nebelkrähen in der Überschneidungszone in Schleswig-Holstein, Westmecklenburg und Sachsen-Anhalt. Aus solchen Verbindungen geht eine farblich individuelle Nachkommenschaft hervor.

Nebelkrähe

Winterwanderer

Eine alte Bauernregel lehrt: Halten die Krähen Konsilium, so sieh nach Feuerholz dich um. Doch nicht jede der Krähen, die uns winters am Himmel begegnen, ist hier ganzjährig zu Hause. Ab Oktober bekommen wir Besuch von ziehenden Saatkrähen, deren Brutgebiete im Osten bis hin zum Ural liegen. Diese gesellen sich zu den heimischen Saatkrähen und führen so vorübergehend zu einer Vervielfachung der Bestände. Ihr Name rührt daher, dass sie gerne frisch aufkeimende Saat auf Feldern verzehren. Im Gegensatz zu Raben- und Nebelkrähe hat die Saatkrähe einen hellgrauen Schnabel, dessen Basis keine Federn trägt. Um die Beine trägt sie buschige Federn, die kurzen Hosen ähneln. Sie liebt Gesellschaft, lebt das ganze Jahr über in Schwärmen und brütet in Kolonien, die bis zu 25 000 Nester zählen können.

Lange Liebe und flüchtige Liebschaften

Raben- und Nebelkrähe hingegen brüten paarweise im jeweils eigenen Territorium, manchmal mit der Unterstützung eines oder mehrerer Kinder aus früheren Bruten. Die Liebe der Krähen hält viele Jahre, manchmal ein ganzes Krähenleben lang. Allerdings geht die monogame Lebensweise nicht mit absoluter sexueller Treue einher. Und so kommt es, dass mancher Krähenvater nicht ausschließlich eigene Kinder füttert und auch einige seiner Nachkommen in den Nestern anderer Krähen aufwachsen.

Kinderstube der Krähen

Ihre Nester legen die Paare zumeist im höchsten Baum ihres Territoriums im oberen oder mittleren Teil der Krone an. Innerhalb von zwei Wochen entsteht an einer stammnahen Astgabel ein sogenanntes Napfnest. Hierfür sammeln die zukünftigen Eltern unzählige Äste und stecken sie ineinander, um Unterlage und Wand anzufertigen. Eine solche Konstruktion hält vielem stand, nicht aber Wasserwerfern ordnungsliebender Stadtbewohner. Und so kam es, dass die in Tokio heimischen und nicht sonderlich beliebten Dschungelkrähen begannen, Kleiderbügel zu entwenden und erfolgreich als verstärkende Elemente einzusetzen.

Innerhalb der hierzulande gängigen reinen Astkonstruktion wird das eigentliche, etwa 20 Zentimeter messende Nest platziert. Es besteht aus dünnen Zweigen, Rindenstreifen, Moos und Grassoden und wird mithilfe von Schlamm und Erde am Boden und am unteren Wandbereich fixiert. Die Innenauskleidung ist besonders bequem: Sie besteht aus Federn, Tierhaaren und in Gegenden mit Schafhaltung auch aus Wolle. Das Weibchen legt bis zu sechs hellblaue bis türkisfarbene Eier mit bräunlichen Flecken, die es fast drei Wochen lang bebrütet. Nur wenige Daunen bedecken den Körper der frisch geschlüpften Krähenküken. Daher werden sie in den ersten Lebenstagen von der Mutter gewärmt, während der Vater Futter auf die hungrigen Schnäbel verteilt, deren Rachen leuchtend rosa gefärbt sind. Später füttern auch beide Elternteile. Jedoch ist während der Nestlingszeit stets höchste Vorsicht vor feindlichen Übergriffen geboten.

Plündernde Banden

Der Redensart zufolge hackt eine Krähe der anderen kein Auge aus, aber eine Krähe räumt der anderen durchaus das Nest aus. Es kommt häufig vor, dass nicht brütende Krähen der Nachkommenschaft brütender Artgenossen zu Leibe rücken und dabei die Nester mitsamt der Eier oder der Jungvögel plündern. So geht ein Großteil der Brutverluste auf das Konto der Nichtbrüter. Interessanterweise sind sich die beiden Gruppen aber in puncto Abwehr von artfremden Feinden wie beispielsweise Füchsen einig und tun sich bei Verfolgungsjagden zusammen. Der Zusammenhalt der Krähen in diesem Bereich funktioniert bestens.

Angriffe aus der Luft

Während der Brutzeit kommt es immer wieder vereinzelt zu Meldungen über Krähenattacken. Diese erreichen allerdings niemals das Ausmaß wie in Alfred Hitchcocks Horrorfilm „Die Vögel". Grund hierfür sind menschliche Rettungsmaßnahmen vermeintlich verwaister Krähenkinder. Diese sind jedoch einfach noch nicht flugtauglich, werden aber weiterhin von ihren Eltern versorgt – bis zu sechs Wochen lang – und in besagten Fällen auch tatkräftig verteidigt.

Die Klugheit der Krähen

Krähen sind ein schlaues Federvolk, wie überhaupt die zoologische Familie der Rabenvögel, zu der auch Elster, Dohle und Eichelhäher zählen. So knacken Krähen in Tokio, Berlin, München und andernorts buchstäblich so manche Nuss, indem sie diese an roten Ampeln vor stehenden Autos platzieren und auf Grün und damit die Freilegung des Leckerbissens warten.

In Skandinavien haben Nebelkrähen gelernt, den Bissanzeiger an Angelleinen richtig zu deuten, und versuchen, durch Ziehen an der Schnur an die Beute zu gelangen.

Die in Nordamerika heimischen Amerikanerkrähen können nachweislich Gesichter von Menschen unterscheiden und Informationen über menschliche Störenfriede sogar an nachfolgende Generationen weitergeben. Sieben Individuen hatten amerikanische Forscher kurzzeitig gefangen, beringt und wieder freigelassen. Bei der Prozedur trugen sie eine Kunststoffmaske, die einen Höhlenmenschen darstellen sollte. Noch Jahre später sorgte der Anblick dieser Maske für Aufruhr unter Dutzenden von Krähen. Die Information über den Vogelfänger hatte sich offensichtlich herumgesprochen beziehungsweise -gekrächzt.

Im Rahmen seiner Abschlussarbeit konstruierte ein amerikanischer Student einen Erdnussautomaten für Amerikanerkrähen. Sie lernten schnell, dass sie durch das Einwerfen bereitgestellter Münzen für Futternachschub sorgen konnten. Es folgte eine fieberhafte Suche des Schwarms nach verlorenen Münzen im Stadtgebiet.

Gewitzte Werkzeugmacher

Krähen sind auch handwerklich äußerst geschickt: So erlangten zwei Geradschnabelkrähen aus Neukaledonien Weltberühmtheit. Die Krähen Betty und Abel waren in der Lage, Fleischstückchen mithilfe eines Drahthakens aus einem Standzylinder zu angeln. Betty stand kein fertiger Haken zur Verfügung und so bog sie sich kurzerhand ein Stück Draht selbst zurecht. Damit wurde die Liste zu Werkzeuggebrauch und sogar -herstellung, die in früheren Zeiten fälschlicherweise als Monopole des Menschen eingestuft worden waren, um eine Tierart reicher.

Selbst Ereignisse, deren Ursache nicht augenscheinlich erkennbar ist, können Geradschnabelkrähen einstufen. So können sie einen Zusammenhang zwischen dem Verschwinden eines Menschen hinter einem Vorhang und der nachfolgenden Bewegung eines Stocks nahe ihrer Futterstelle herstellen. Sehen sie jedoch keinen Menschen verschwinden und der Stock wird unerwartet von außen betätigt, werden die Tiere massiv verunsichert und fressen äußerst vorsichtig oder gar nicht mehr.

Kolkrabe

Rabe oder Krähe?

Im allgemeinen Sprachgebrauch wird oft nicht explizit zwischen Raben und Krähen unterschieden, zoologisch hingegen schon. Bei uns heimisch ist der Kolkrabe, der mit einer Länge von bis zu 70 Zentimeter der größte Singvogel ist und in Wäldern wohnt. Seine typischen Lautäußerungen, zum Beispiel ein sonores „korrp korrp", unterscheidet sich deutlich von denen der Krähen.

Krähengemachte Probleme

Der Berliner Hauptbahnhof hat ein Krähenproblem: Immer wieder sorgen die findigen Vögel dafür, dass Reisende buchstäblich im Regen stehen. So entfernten sie im Jahre 2011 Teile der Dichtungen des Bahnhofsdaches. Zudem kommt es durch den Abwurf von Schrauben auf die insgesamt 15 000 Glasfenster wiederholt zu teurem Glasbruch. Gleiches geschah in einem Berliner Hotel, als Krähen Kieselsteine als Wurfgeschosse verwendeten. Auch im sportlichen Bereich machen die schwarzen Vögel von sich reden: So wird das Stadiondach von Hannover 96 regelmäßig durch Insekten suchende Krähen beschädigt.

Todesboten und Lebensspender

Während Krähen im Osten für Weisheit und Glück stehen und tragende Rollen in Schöpfungsmythen spielen, werden sie im Westen seit Jahrhunderten als Todesboten und Galgenvögel tituliert. Die Nähe zum Tod hängt mit ihrer Ernährungsweise zusammen. Denn auch Aas steht auf ihrem abwechslungsreichen Speiseplan, und in vergangenen Tagen konnte man sie häufig auf Schlachtfeldern und Richtplätzen antreffen. Auch regt sich immer wieder der Verdacht, dass sie aktiv Tiere töten. Doch dieser landläufigen Meinung steht ihre biologische Ausstattung entgegen. Sie haben weder geeignete Schnäbel noch Krallen dazu. Wenn sie an Tieren fressen, dann an bereits toten und auch nur an gut zugänglichen Stellen wie den Augen.

Immer wieder geraten Krähen in Verruf, weil sie der Nestplünderei und des Vogelmords bezichtigt werden. Auch wenn Untersuchungen zeigen, dass Eier und Nestjunge lediglich einen geringen Anteil an der Nahrung haben, bleibt der schlechte Ruf bestehen.

Vielerorts glaubte man, eine Krähe auf dem Dach kündige einen baldigen Todesfall an. Im Alten Rom prophezeite eine von links über den Weg fliegende Krähe Unglück, während die gleiche Beobachtung in einem indischen Krähenorakel die Erfüllung eines Wunsches vorhersagte. Doch es gibt Ausnahmen: In Süddeutschland werden Krähen und Raben regional als Glücksbringer eingestuft. So wurde die Krähe von links in Franken als Zeichen für den guten Ausgang einer Reise interpretiert. Bei den Slawen in Böhmen galt sie zudem bis ins 19. Jahrhundert als Kinderbringer. Die Kleinen ließ sie entweder durch den Schornstein fallen oder übergab sie der Hebamme am Fenster.

Eine alte regionale Bezeichnung für die Zeit der Dämmerung ist in England die „crow-time", die Krähenzeit. Wer zur Krähenzeit lange genug wartet, bis die Sterne am Himmel erscheinen, bekommt vielleicht die Milchstraße zu Gesicht. Nach Legenden der Inuit entstand sie aus glitzernden Silberstückchen, die Krähen einst an den Himmel warfen.

C. H.

Schleimige Landstreicherin – die Nacktschnecke

Wenn zarte Salatpflanzen über Nacht auf klägliche Gerippe reduziert werden und minderjährige Blümchen einfach so verschwinden, dann hat sie wieder zugeschlagen: die Nacktschnecke, das Grauen jedes Gärtners. Da ihr der Charme eines gewundenen Hauses fehlt, kann man wohl kaum etwas Positives über sie sagen, oder? Doch, kann man schon und zudem noch einiges Interessante erfahren.

Plagenarten

In Deutschland gibt es etwa 50 verschiedene Nacktschneckenarten. Doch es sind besonders Wegschnecken, die unsere Salatpflanzen atomisieren, sowie einzelne Ackerschneckenarten (auch Kleinschnegel genannt). Besonders häufig begegnen wir der Roten, der Schwarzen und der Spanischen Wegschnecke, von der man inzwischen sicher weiß, dass sie gar nicht aus Spanien eingewandert ist. Es fiel auf, dass es in Spanien überhaupt keine Spanischen Wegschnecken gibt. Sind sie alle zu uns ausgewandert? Nein, Gentests haben ergeben, dass sie nicht aus dem Süden, sondern aus Mitteleuropa stammen.

Die drei Arten lassen sich nur schwer unterscheiden. Die Vermutung, die Rote Wegschnecke sei stets rot, die Schwarze schwarz und die Spanische gelb-rot gestreift, stimmt nicht. Die Schwarze Wegschnecke ist wirklich häufig schwarz gefärbt, vereinzelt kommen auch andere Farben vor, nämlich Dunkelbraun oder Grau. Die Rote Wegschnecke begegnet uns jedoch ebenfalls in diesen Farben und zusätzlich in Rot und Orange. Letztere sind aber auch die Farben der Spanischen Weg-

schnecke. Kurz: Allein aufgrund ihrer Farben können die drei nicht immer unterschieden werden. Schneckenexperten untersuchen zur Bestimmung den Genitalapparat der Tiere, ein Aufwand, den ein Gärtner sich wohl eher nicht antun würde. Jedoch: verfressen sind sie alle drei.

Ohne Haus

Nacktschnecken heißen NACKTschnecken, weil sie kein Haus, kein Gehäuse besitzen. Warum eigentlich nicht? So ein Haus ist doch überaus praktisch, denn es bietet Schutz vor Feinden, Austrocknung und Kälte. Hübsch ist es zudem, und es hilft dem Menschen dabei, die Schneckenart zu erkennen – er braucht dann nicht den Genitalapparat zu suchen. Allerdings benötigt die Schnecke viel Energie, um solch ein Kalkgebilde herzustellen und es dann noch mit sich herumzutragen. Eine Schnecke ohne Gehäuse ist beweglicher und kann sich in engere Verstecke zurückziehen, wo sie vor Frost, Hitze, Sonne, Trockenheit und Feinden geschützt ist. Minimiert man übrigens die Zahl solch feuchter Schneckenverstecke im Garten, nimmt man den Tieren den Rückzugsort und sie wechseln den Garten.

Die Vorfahren der Nacktschnecken hatten ein Gehäuse, das mehr und mehr reduziert wurde. Bei verschiedenen Nacktschneckenarten findet man noch Reste des einstigen Hauses – mal kleine Plättchen, mal nur noch Kalkkörnchen. Manchmal kann man die Kalkreste außen auf dem Körper sehen – sie sitzen auf den Schnecken wie verwegene, kleine Hüte – manchmal befinden sie sich im Körperinneren.

Haben die Nacktschnecken statt des Hauses etwas anderes in petto, um sich vor Fraßfeinden und Austrocknung zu schützen? Ja, ihren Schleim.

Schleim

Wenn man Nacktschnecken im Garten einsammelt, dann wird geraten, Handschuhe zu tragen, denn der zähe Schleim ist nur schwer von den Händen zu entfernen. Im Internet findet man zudem allerhand Tipps, wie man Kleidung von Schneckenschleim reinigen kann. Was für uns nur lästig ist, wirkt auf manche Tiere abschreckend, denn beim Fressen einer Schnecke würden ihre Mundwerkzeuge verkleben. Die

Spanische Wegschnecke ist unter anderem so erfolgreich, weil sie bei einem Angriff rasch große Mengen eines extrem klebrigen Schleims produzieren kann, der zudem für ihre Feinde sehr bitter schmeckt und zum Teil giftig ist. Aber auch hier ist die Natur einfallsreich: Man hat schon Igel beobachtet, die Schnecken durch den Garten rollen, um so den Schleim zu entfernen, bevor sie sie verspeisen.

Schleimdrüsen sitzen auf dem ganzen Körper der Schnecke. Sie produzieren genug Schleim, um zu verhindern, dass das Tier austrocknet. Der Schleim der Schnecken hat die fantastische Fähigkeit, in Verbindung mit Wasser aufzuquellen, denn er bindet große Mengen an Wasser.

Der Schleim ermöglicht den Schnecken außerdem die Fortbewegung. Sie kriechen auf ihrer schon sprichwörtlich gewordenen Schleimspur durchs Leben. Da Feuchtigkeit für die Schnecke so wichtig ist, können Gärtner ihre Beete für sie unattraktiver machen, indem sie sie morgens gießen und sie abends, wenn sich die Schnecken auf die Nahrungssuche machen, eher trocken halten. Auch trockene Barrieren, etwa Sägespäne oder Schafwollbänder, helfen – jedenfalls so lange es nicht regnet.

Direkt unterhalb der Mundöffnung sitzt bei den Nacktschnecken eine Schleimdrüse, die sogenannte Fußdrüse. Hier tritt der Schleim für die Fortbewegung aus und bildet eine Gleitschicht, auf der sie reibungsfrei dahinkriechen. Der Schleim ist zugleich flexibel und klebrig. Er ermöglicht es den Tieren, über den trockenen Boden zu kriechen, Grashalme oder Blätter zu erklimmen, aber auch harte oder scharfkantige Gegenstände (sogar Rasierklingen) zu überwinden, ohne sich zu verletzen.

Schleim-Unfall

Wie glitschig Schneckenschleim sein kann, musste im Sommer 2016 ein Trabbifahrer leidvoll erfahren. Er war auf einer Autobahnauffahrt über Schnecken gerollt, die in großer Menge die Fahrbahn überquerten. Der Schleim der Tiere klebte an den Trabbireifen, das Auto kam ins Schleudern und überschlug sich. Dem Fahrer ist zum Glück nichts passiert.

Eine Spanische Wegschnecke erklimmt einen Löwenzahnstängel.

Gegen Falten und Husten

Schneckenschleim macht schön! Schneckenschleim hilft gegen Falten! Testen kann man das in speziellen Spas, wo Frauen für teures Geld Schnecken über ihre Gesichter kriechen lassen. Doch es geht auch einfacher: Schneckenextrakt, -creme oder -gel kann man kaufen. Es enthält gefilterten Schneckenschleim beziehungsweise Schnecken-schleim-Filtrat und soll DIE Waffe gegen Akne, Narben, Dehnungs-streifen und vieles mehr sein. Aber wie gewinnt man solche Mengen Schleim? Wenn man darüber nachdenkt, graust es einen nicht mehr vor den Schnecken, sondern vor den Menschen.

Gegen Husten sollen Schneckensaft (enthält keinen Schneckenschleim, sondern Echten Eibisch) und Schneckensirup helfen. Der Sirup ent-hält zuweilen Schneckenextrakt, es gibt Rezepte, wie man ihn mittels Schichtung von Schnecken und Zucker selbst herstellen kann.

Sehen – riechen – tasten

Bei Schnecken liegen die Sinnesorgane in ihren Fühlern. Vier Stück trägt sie an ihrem Kopf, zwei kurze und darüber zwei längere. Die unteren Fühler dienen dem Tasten. Die Schnecken berühren mit ihnen immer wieder den Boden vor sich und ziehen sie ein, wenn sie einem fremden Gegenstand begegnen. Greift der nicht an, wird er abgetastet und dann als Hindernis überkrochen oder umgangen oder aber als wohlschmeckend erkannt und gefressen.

Ebenfalls mit dem kürzeren Fühlerpaar können Schnecken riechen – und das sehr gut. Deshalb lockt der Gärtner mit Bierfallen auch die ganzen Schnecken der Nachbarschaft zur Party. Bis auf 100 Meter Entfernung können sie Nahrung wittern, sozusagen immer den Fühlern nach.

Die oberen, längeren Fühler tragen an ihren Spitzen die Augen. Bei hell gefärbten Schnecken sieht man sie als kleine, dunkle Punkte. Es sind Linsen-Augen, mit denen Schnecken ihre Umgebung nur schemenhaft erkennen können. So sagt man zumindest. Auch, dass sie nur schwarz-weiß sehen könnten. Doch warum fressen Schnecken lieber grünen Salat als dunklen (deshalb der Tipp an Gärtner, eher rötlich-

Eine Nacktschnecke auf dem Weg zum Salatbeet – ihre vier Fühler und das große Atemloch an der Seite sind gut zu sehen.

bräunliche Salatsorten zu pflanzen)? Ob sie das Grün der Pflanzen wirklich sehen oder die chemische Zusammensetzung der Farbstoffe riechen können oder die Fressbarkeit der Blätter ertasten, weiß nur die Schnecke.

Hermaphroditen

In der griechischen Mythologie war Hermaphroditos ein Wesen, das das weibliche und das männliche Geschlecht in sich vereinte. Schnecken sind Hermaphroditen, man sagt auch Zwitter, jedes Tier besitzt sowohl weibliche als auch männliche Geschlechtsorgane. Somit brauchen sie eigentlich keinen Partner, und bei den Nacktschnecken kann tatsächlich eine Selbstbefruchtung stattfinden. Doch meist suchen sich zwei Schnecken zum Austausch ihrer Gene. Die Paarung oder Selbstbefruchtung findet im Sommer statt, die Eier werden im Herbst unter die Erde gelegt. Manche Schneckenarten legen bis zu 400 Eier – auf mehrere Gelege verteilt. Im nächsten Jahr steht dann die nächste Generation in den Startlöchern, bereit für die zarten Salatpflänzchen. Doch hier kann der Gärtner eingreifen: Wenn er im Herbst den Boden nicht aufgelockert hat, haben die Schnecken Probleme, ihre Eier unter die harte Kruste zu legen. Oder er sucht die Gelege und legt sie frei, damit sie vertrocknen oder von Vögeln gefressen werden.

Radula

Beißt eine Schnecke in ein Salatblatt, kaut genüsslich und schluckt den Bissen dann hinunter? Nein, Schnecken haben keinen Mund mit Zähnen wie Kühe oder Menschen. Sie besitzen das wunderbar effektive Werkzeug einer Raspelzunge, der Radula. Sie gleicht einem Band, auf dem zig Tausende, mikroskopisch kleine Zähnchen gleichmäßig verteilt sind. Die Radula arbeitet wie ein Schaufelradbagger. Sie wird ausgefahren und eingeholt, raspelt dabei mechanisch alles ab und befördert es in den Mund. Und wenn Zähnchen abbrechen oder abgenutzt sind, kein Problem! Die Raspelzunge wächst mit neu entstandenen Zähnchen immer nach. Davon können wir nur träumen, wenn mal wieder ein Zahnarztbesuch ansteht.

Nützlich

Das Grauen des Gärtners gleicht also einem Schaufelradbagger, der schlecht sieht, alles vollschleimt und die empfindlichsten Pflanzen schon auf 100 Meter riecht. Weg mit ihm! Nein, auch Nacktschnecken haben ihren Platz im Kreislauf der Natur. Sie säubern ihre Umgebung von Aas und Kot, fressen welke Pflanzen und leisten so einen wichtigen Beitrag zur Humusbildung. Zudem sind sie Nahrung für Vögel, Insekten, Igel, Marder, Frösche und viele mehr. Den letzten Punkt kann der Gärtner sich zunutze machen: Denn ein naturnaher Garten bietet den natürlichen Feinden der Nacktschnecken ein behagliches Quartier.

R. K.

Unzählige Pärchen – die Feuerwanze

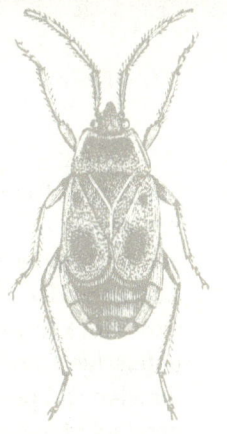

E ine Feuerwanze kommt selten allein. Zumeist trifft man auf ganze Hundertschaften der rotschwarz gefärbten Sechsbeiner, die sich an sonnigen Plätzen in Gärten, Parks und auf Friedhöfen tummeln. Auffallend viele sind einander besonders zugetan und gleichzeitig voneinander abgewandt. Sie befinden sich in der eigentümlichen Paarungsposition, bei der die Partner über die Geschlechtsteile verbunden sind, aber in entgegengesetzte Richtungen blicken. Auf solchen Massenpaarungen beruht die in Österreich gängige Namensgebung „Schusterkäfer". Schustern ist dort eine derbe umgangssprachliche Bezeichnung für kopulieren. Der zweite Part des österreichischen Artnamens ist hingegen zoologisch gesehen nicht korrekt, genauso wenig wie der im deutschen Sprachraum häufig verwendete Name Feuerkäfer. Denn es handelt sich bei den Liebenden nicht um Käfer, sondern um Wanzen.

Vielfältige Flügel

Eine typische Eigenschaft dieser Tiergruppe sind die sogenannten Hemielythren, also die Halbflügeldecken. Diese heißen so, weil die Vorderflügel zweigeteilt sind, sie bestehen aus einem verhärteten vorderen Teil und einem häutigen hinteren Bereich. Bei Käfern hingegen sind die Flügeldecken durchgehend verhärtet und liegen schützend über den häutigen Hinterflügeln. Das Flügelquartett ist bei Feuerwanzen längenmäßig höchst individuell ausgestaltet: So sind oftmals der häutige Bereich der Halbdecken oder die Hinterflügel verkürzt. Die wissenschaftliche Artbezeichnung *Pyrrhocoris apterus* weist darauf hin, denn übersetzt bedeutet sie Flügellose Feuerwanze. Zumeist sind nur einige Männchen mit langen Flügeln ausgestattet und damit flugfähig.

Die rote Grundfärbung gab der Feuerwanze ihren Namen. Hinzu kommen diverse schwarze Elemente: ein beinahe rechteckiger Klecks auf dem Halsschild, direkt darunter das komplett schwarze dreieckige Schildchen und auf jeder der beiden Flügeldecken mittig ein schwarzer kreisrunder Fleck. Ein weiterer kleiner, schwarzer Punkt befindet sich nahe der Flügelbasis. Die Wanzentracht ist nicht überall gleich und wird vor allem durch die Außentemperatur gesteuert. So können unterschiedliche Temperaturen verschiedenartige Verteilungen der dunklen Farbpigmente bewirken und der Wanze damit optimale Temperaturverhältnisse sichern. Daher zeigen sich bei Feuerwanzen, die im Norden beheimatet sind, ein dunklerer Rückenbereich und vergleichsweise ausgedehnte schwarze Punkte auf den Flügeln, die ähnlich einem schwarzen T-Shirt für Wärme sorgen.

Auffällige Außenwirkung

Eine Feuerwanze zum Frühstück zu verzehren, sollten sich potenzielle Fressfeinde besser zweimal überlegen. Damit sie dies tun, gibt es in der Natur spezielle Warntrachten, auffällige Farbkombinationen, zu denen auch die Verbindung Rot-Schwarz zählt. Wanzen weisen damit auf ihre Ungenießbarkeit hin. Diese verdanken sie speziellen Drüsen auf der Brustunterseite, die ein unangenehm riechendes Wehrsekret liefern.

Das schwarzrote Feuerwanzenkleid stand im Jahre 1919 im Mittelpunkt einer Abhandlung des Wiener Insektenkundlers Franz Heikertinger. Er führte Experimente durch, um den Hintergrund der Feuerwanzen-Färbung zu ergründen, und stellte fest, dass sie bei den eingesetzten Vogelarten zwar kein Erschrecken oder Zurückweichen bewirkte, wohl aber ein Zögern bei solchen Individuen, die mit Feuerwanzen zuvor keinen oder lange keinen Kontakt gehabt hatten. Er schlägt daher vor, den Begriff der „Ungewohntfärbung" zu verwenden. Aber ganz gleich, ob die Kombination nun abschreckend oder ungewohnt erscheint, sie zeigt in jedem Falle Wirkung.

Wanzen-Varieté

Sieht man sich eine Ansammlung von Feuerwanzen genauer an, fallen kleine Unterschiede zwischen den einzelnen Tieren ins Auge. Zum einen variieren die Größen ab einem Zentimeter Körperlange abwärts,

Großes Getümmel

zum anderen haben einige der Sechsbeiner einen vorwiegend rot gefärbten Hinterleib. Nur entlang des Rückens finden sich mehrere kleine
schwarze Flecken. Die Halbflügeldecken sind nur ansatzweise entwickelt und schwarz gefärbt. Es handelt sich hierbei um junge Feuerwanzen, sogenannte Nymphen. Wanzen zählen zu den Insekten, die sich
ohne eine komplette Wesensverwandlung an das Erwachsenenleben
herantasten oder genauer gesagt heranhäuten. Denn so wie Menschen
im Wachstum immer wieder neue Kleidung benötigen, streifen solche
Krabbeltiere mehrmals die alte, schützende Körperhülle ab. Bei den
Feuerwanzen geschieht dies bis in den September hinein insgesamt
fünf Mal. Ein spezielles Hormon, also ein körpereigener Botenstoff der
Jungwanzen verhindert ein verfrühtes Erwachsenwerden. Erst bei der
letzten Häutung sinkt seine Konzentration und ebnet so den Weg in
die Volljährigkeit. Hierauf können Pflanzen nachweislich Einfluss nehmen: So entwickelten sich in einem amerikanischen Labor gehaltene
Feuerwanzen zu Riesenlarven, aber nicht zu Erwachsenen, weil ihr
Domizil Papier aus dem Holz der Balsamtanne enthielt. Darin befinden sich Stoffe, die dem Junghaltehormon der Wanzen ähneln und
somit deren Erwachsenwerden unterbinden.

Zu mir oder zu dir?

Vom Ein- und Ausladen

Die Versammlungen der Wanzen erfolgen nicht zufällig, sondern werden auf unsichtbaren Wegen gesteuert. Der Vorschlag zur Versammlung kommt gleichsam per Luftpost: Einzelne Tiere geben besondere Botenstoffe, sogenannte Pheromone, nach außen ab. Diese verbreiten sich durch die Luft, werden von Artgenossen wahrgenommen und wirken äußerst anziehend. Auch das Ende der Geselligkeit wird auf luftigem Wege geregelt: Sondern Wanzen spezielle Alarmsekrete ab, lösen sich die Ansammlungen schleunigst wieder auf.

Langatmige Liebschaften

Die Liebe der Feuerwanzen entflammt im Frühling. An sonnigen April- und Maitagen finden die Paarungen statt. Hierfür klettert das Männchen ohne größere Umschweife auf das Weibchen, führt seinen Penis ein, wendet sich dann von der Partnerin ab, bleibt aber mit ihr verbunden. Krabbelt nun einer der beiden Partner los, muss der andere entweder rückwärts mitziehen oder sich dagegenstemmen. Die Angelegenheit kann recht langatmig sein und sich über viele Stunden, mitunter sogar über mehrere Tage hinziehen. Dauerverbindungen von bis zu sieben Tagen sind dabei möglich.

Als Hintergrund vermuten Forscher das sogenannte „mate guarding", also das Bewachen der Partnerin und das Verhindern weiterer Paarungen mit der ungeliebten Konkurrenz. Dies verringert in jedem

Fall die Zahl der Partner, nicht aber den Partnerwechsel per se. Denn die Weibchen können sich nach dem langen Liebesakt für weitere Feuerwanzenmännchen sowie eine Liaison mit diesen begeistern. Die Weibchen legen 50 bis 100 Eier in selbst gegrabenen Höhlen, unter Steinen oder in der Laubstreu ab. Diese sind weißlich gefärbt und schimmern nach zwei Wochen kurz vor dem Schlupf rötlichgelb. Die nächste Generation kommt zum Vorschein, indem sie das Ei mithilfe eines speziellen Eizahns aufschlitzt.

Nützlicher Nachlass

Der erste Trank der Jungwanzen nach dem Schlüpfen ist eine lebenswichtige Mischung, die ihnen ihre Mutter auf dem Ei hinterlassen hat. Hier befindet sich ein Cocktail aus Bakterien, die aus dem Mitteldarm der Mutter stammen. Kurz nach dem Schlupf saugen die Jungwanzen dieses Sekret auf, das sicherstellt, dass sie ihre pflanzliche Nahrung effektiv verdauen können. So werden die klitzekleinen Darmbesiedler über Generationen weitergegeben. Die Eingeweide verwandter Wanzenarten werden von ähnlichen Bakterienarten besiedelt. Jedoch ist die arteigene Mischung stets die beste, denn ein experimenteller Austausch der Besiedler zwischen verschiedenen Arten führt stets zu einer verminderten Fitness.

Verpönte Verwandte

Die Familie der Feuerwanzen umfasst weltweit etwa 400 Arten. Dazu zählen auch die Baumwollwanzen, die ernst zu nehmende Schädlinge sind. Sie stechen die Kapseln von Baumwollpflanzen an und saugen an den darin befindlichen Samen. Junge Kapseln fallen früh ab, während ältere das Wachstum einstellen, sodass die Baumwollernte gemindert wird. Hinzu kommt, dass beim Stich Pilzsporen übertragen werden, die das pflanzliche Gewebe verfärben und der Wanze den Namen Baumwollfärber eingetragen haben. Ein Schlüssel zur Bekämpfung der Tiere könnte in der Veränderung der Darmbesiedler liegen, da Tiere, denen man diese winzigen Helfer entfernt oder durch andersartige ersetzt, weniger fit sind, langsamer wachsen und sich seltener paaren.

Wohlige Wärme

Jedes Jahr erblickt lediglich eine neue Generation Feuerwanzen das Licht der Welt und überwintert erwachsen geworden in großen Ansammlungen zumeist an gut geschützten Orten am Boden. Kälteeinbrüche können den geselligen Krabblern kaum etwas anhaben. Selbst Minusgrade über mehrere Monate können sie schadlos überstehen. Im Frühling nutzen die Tiere dann die ersten wärmenden Sonnenstrahlen und die reflektierte Wärme des Bodens, um die für Insekten essenzielle Betriebstemperatur sicherzustellen. Das große Kuscheln ist sehr nützlich: Im Zentrum von Wanzenansammlungen lassen sich Temperaturen messen, die über der der Umgebung liegen.

Spucke Spezial

Im Gegensatz zu Käfern haben Wanzen stechend-saugende Mundwerkzeuge, die einen schnabelartigen Rüssel bilden. Diese besondere Vorrichtung gab der Insektenordnung der Schnabelkerfe, zu denen auch die Feuerwanze zählt, ihren Namen. Kerfe steht hierbei für Kerbtiere, was wiederum ein Synonym für Insekten ist. Die Mundwerkzeuge klappen Feuerwanzen zwischen den Mahlzeiten unter der Brust zurück.

Zu den Leibspeisen zählen Samen von Linden, Robinien sowie Malvengewächsen wie Hibiskus und Eibisch. Trifft eine hungrige Wanze auf einen Leckerbissen, so sticht sie hinein. Im Inneren des Saugrüssels befindet sich ein Kanal mit zwei Rinnen. Über eine Rinne wird eine spezielle Art von Speichel eingespritzt, der dort erhärtet. So wird eine Scheide geformt, in der sich die dünnen, tastenden Mundwerkzeuge frei bewegen können. Eine zweite Speichelart verflüssigt die Mahlzeit, indem sie Stärke und Zellwände zersetzt, um das Saugen zu erleichtern. Der nun flüssige Happen wird über die zweite Rinne wie durch einen Strohhalm aufgesaugt.

Friedhofsversammlung

Linden finden sich häufig auf Friedhöfen und mit ihnen zuweilen extrem große Ansammlungen von Feuerwanzen. Daher rührt auch die umgangssprachliche Bezeichnung „Friedhofskäfer". Immer wieder kommt es zu Meldungen durch besorgte Friedhofsbesucher, die sich die Invasion auf den Gräbern nicht erklären können. Die Wanzen tun aber weder den Toten noch den Lebenden etwas zuleide. Lediglich tote Insekten sowie Insekteneier sind vor Feuerwanzen nicht sicher. Und auch vor den eigenen Artgenossen ist oftmals Vorsicht geboten, denn Kannibalismus kommt vor. Gelegentlich genehmigt sich die rotschwarze Schar den einen oder anderen Schluck Wasser aus Pflanzenstängeln und Blättern, ohne dabei aber bedrohlichen Schaden anzurichten.

Forscherglück

Die einfach zu haltenden Insekten waren stets beliebte Labortiere. Hunderte von Forschungsarbeiten basieren auf Experimenten mit Feuerwanzen. Neben Untersuchungen zur Embryonalentwicklung, Stoffwechselvorgängen, Hormonwirkungen und Abwehr von krankheitserregenden Bakterien waren sie die ersten Lebewesen, bei denen das X-Chromosom entdeckt wurde. Im Jahre 1891 bemerkte der deutsche Zoologe Hermann Henking es erstmals als auffällige Struktur in den Spermien der Feuerwanzen. Er nannte das Gebilde „X-Faktor". Fast zeitgleich fiel diese Struktur auch einem amerikanischen Forscher, Clarence McClung, ins Auge. 14 Jahre später stellte sich heraus, dass die Geschlechter auf der Zahl von X-Chromosomen fußen, zwei beim Weibchen und eines beim Männchen. Der Feuerwanze sei Dank.

C. H.

Gepunkteter Passant – der Marienkäfer

Klein und halbrund, keck rot mit süßen, schwarzen Punkten, so sieht der perfekte Marienkäfer aus. Kinder lieben ihn, er schmückt so manche Glückwunschkarte und auch in Schokoladenform ist er begehrt. Doch wie lebt der beliebte kleine Krabbler? Warum hat er mal mehr, mal weniger Punkte? Und: Ist er wirklich so süß oder hat er auch dunkle Seiten?

Farben und Punkte

Rot mit schwarzen Punkten, orange mit weißen Punkten, gelb mit schwarzen Punkten, schwarz mit roten Punkten, orange mit schwarzen Punkten – Marienkäfer haben viele Kleider. Die Anzahl der Punkte sagt übrigens nichts aus über das Alter des Käfers, es handelt sich vielmehr um verschiedene Arten, die häufig nach ihrer Punktezahl benannt sind, etwa der Siebenpunkt-Marienkäfer oder der Sechszehnfleckige Marienkäfer.

Doch die Farbvarianten sind unüberschaubar. Zum einen sind verschiedene Arten verschieden gefärbt, zum anderen variiert das Äußere innerhalb einer Art. Zuweilen kommt es auch zu gegensätzlichen Farbvarianten, nämlich einer farbigen und einer schwarzen: So trifft man den Zweipunkt-Marienkäfer sowohl rot mit zwei schwarzen Punkten als auch schwarz mit zwei roten Punkten.

•••••• oder der Siebenpunkt

2006 war sein Jahr, denn da wurde der Siebenpunkt-Marienkäfer zum Insekt des Jahres gewählt. Er ist der wahre Glücks-Marienkäfer und hat wirklich sieben Punkte: drei auf jeder Flügeldecke und einen vorne in der Mitte. Auch sein lateinischer Name bezieht sich auf die Anzahl der Punkte: *Coccinella septempunctata*. Da er ebenso wie seine Larven Blattläuse in großer Zahl vertilgt, gilt er als Nützling und wird in großen Mengen zur biologischen Schädlingsbekämpfung gezüchtet.

Hässliche Larve – süßer Käfer

Wenn es wärmer wird und der Frühling naht, erwachen die Marienkäfer aus ihrer Winterstarre, verlassen die Winterquartiere und suchen sich einen Partner. Ergebnis der Paarungen sind mehrere Hundert Eier, die das Weibchen in kleineren Grüppchen auf die Unterseite von Blättern klebt oder in Rindenspalten legt. Dabei sucht es sich Pflanzen aus, die von Blattläusen befallen sind, denn die Larven sind zwar gut zu Fuß, aber es ist praktischer, das Futter gleich um die Ecke zu finden.

Wenn sich die Eier verfärben, schlüpfen kurz danach die Larven, die äußerlich so gar nichts mit dem süßen Glückssymbol Marienkäfer zu tun haben: Sie sind länglich, wirken plump und tragen teilweise haarige Warzen auf dem Rücken. Sie verspeisen in ihrem Larvenleben mehrere Hundert Blattläuse, weshalb man sie bestellen kann, um etwa

Marienkäferlarve

den von Blattläusen fast gemeuchelten Rosengarten zu retten. Manche Arten ernähren sich auch von Schimmelpilzen und Mehltau. Die Larven häuten sich bis zu vier Mal, dann folgt die Verpuppung. Die Puppen kleben an Blättern, aus ihnen schlüpfen die Käfer. Ganz blass sind sie zunächst, erst nach einigen Stunden nehmen die Flügeldecken ihre Färbung an und die Punkte erscheinen.

Verteidigung

Warnen, tot stellen, scheußlich schmecken – das sind die drei Strategien des Marienkäfers, um sich Fressfeinde vom Leib zu halten. Schon sein rot-schwarzes oder gelb-schwarzes Outfit ist eine Warnung! Im Tierreich findet man diese abschreckenden Färbungen immer wieder, etwa bei der Wespe. Die gepunkteten Flügeldecken des Marienkäfers signalisieren: Achtung! Ich bin gefährlich beziehungsweise giftig!

Kommt nun ein potenzieller Feind dem Käfer nahe, dann zieht der seine Beine und Fühler ein und stellt sich tot. Dieser sogenannte Totstellreflex heißt Thanatose – hier steckt Thanatos drin, das griechische Wort für Tod.

Greift eine Ameise an oder ist ein Vogel bereit zuzubeißen, so sondert der Käfer aus den Gelenken an seinen Beinen eine gelb-orange Flüssigkeit ab. Diese riecht nicht nur übel und schmeckt sehr unangenehm bitter, sie enthält zudem giftige Alkaloide. Wehrsekret heißt diese Flüssigkeit und Reflexbluten nennt man ihre Absonderung bei Gefahr.

Wechselnde Partner

Möchte man Jugendlichen die Gefahren ungeschützten Geschlechtsverkehrs vor Augen führen, könnte man ihnen etwas über das Sexleben der Marienkäfer erzählen. Die Tiere sind sehr paarungsfreudig. Obwohl eine einmalige Befruchtung reicht, paaren sich die weiblichen Tiere bis zu 20-mal mit wechselnden Partnern. Diese Promiskuität sorgt für eine große genetische Vielfalt der Nachkommen, die sich dadurch schnell an veränderte Gegebenheiten anpassen können. Leider begünstigt sie auch die Verbreitung einer Milbe, die die weiblichen Käfer unfruchtbar werden lässt, doch zum Glück erst nach einigen Wochen. Sie können zuvor noch ein letztes Mal Eier legen. Im Sommer verbreitet sich die Milbe übrigens weniger rasch. Dann sind aufgrund der hohen Temperaturen die Käfer träger und paaren sich mit weniger Partnern.

Kannibalen!

Wir wissen, dass fast alle Marienkäferarten und auch ihre Larven Blattläuse fressen. Doch meist ist unbekannt, dass Marienkäfer andere Marienkäfer, deren Larven und Eier verspeisen und dass die Larven ihre Geschwister zum Teil noch im Ei vertilgen. Auch fressen die Käfer gerne Eier und Larven anderer Arten. Sie sind also Kannibalen, was ihnen jedoch zum Verhängnis werden kann, wenn sie an einen Asiatischen Marienkäfer geraten.

Ein Käfer aus dem Osten

Auch in Gewächshäusern sind Blattläuse eine Plage. Dagegen muss ein spezieller Nützling eingesetzt werden, dachten sich in den 1980er-Jahren einige sehr, sehr kluge Leute, und sie holten sich den Asiatischen Marienkäfer. Der verputzt gerne mal fünfmal so viele Blattläuse wie etwa unser Siebenpunkt. Es kam, wie es kommen musste: Der Käfer mit den japanischen und chinesischen Wurzeln verließ hier und da unbemerkt das Gewächshaus und vermehrte sich freudig – unter guten Bedingungen kann er bis zu viermal im Jahr Nachwuchs haben, der Siebenpunkt nur einmal. Heute ist der Asiatische Marienkäfer bei uns überall verbreitet und zum Teil häufiger zu finden als unsere einheimischen Arten.

Möchte man einen solchen Käfer identifizieren, dann hilft kein Pünktchenzählen, denn der auch Harlekin genannte ist in Punktezahl und Farbe sehr variabel. Gut zu erkennen ist er an dem schwarzen Zeichen auf seinem Kopfschild, das die Form eines W hat.

Im Zusammenhang mit dem Asiatischen Marienkäfer fürchtet man zum einen, dass er einheimische Marienkäfer verdrängt. Das stimmt, zumindest ist er inzwischen in manchen Gebieten die häufigste Art.

*Ein Asiatischer Marienkäfer – das
markante W ist deutlich zu erkennen.*

Zum anderen wird gesagt, dass er eine Gefahr für den Wein darstellt. Für den Wein? Nun, wenn es im Herbst nicht genug Blattläuse gibt, dann zieht es Marienkäfer in großen Schwärmen in Weinbaugebiete, wo sie sich an leicht verletzten Trauben laben. Besonders aufgefallen ist hier das Massenauftreten des Asiatischen Marienkäfers. Nun kann es passieren, dass Käfer, die an den Trauben sitzen, unbemerkt mitgeerntet und -verarbeitet werden und durch den Austritt ihres Wehrsekrets den Geschmack des Weines verderben. Wissenschaftler haben jedoch festgestellt, dass es ziemlich vieler Käfer bedarf, um sie herauszuschmecken, und dass es keinesfalls nur der Asiatische ist, der den Weingeschmack beeinträchtigt. Auch der Siebenpunkt tut es – und zwar extremer als der Asiatische. Einen Vorteil bietet der Asiatische für den Weinbau sogar: Er vertilgt auch mehr Rebläuse als die einheimischen Marienkäfer.

Warum ist der Asiatische Marienkäfer so erfolgreich und verdrängt den ebenfalls sehr konkurrenzstarken Siebenpunkt? Forscher haben herausgefunden, dass die Antwort in der Körperflüssigkeit des Käfers liegt, der Hämolymphe. Sie enthält viele Stoffe, die ihn sehr effektiv vor Krankheitserregern schützen, auch solchen, die für einheimische Käfer gefährlich sind. Einer der Stoffe wurde identifiziert, die Forscher haben ihn Harmonin genannt, weil der Käfer *Harmonia axyrides* heißt. Er scheint gegen Tuberkulose und Malaria wirksam zu sein. Nun wird geforscht, ob man aus der Hämolymphe der Asiatischen Marienkäfer Medikamente gewinnen kann.

Doch reicht diese Erklärung aus, um den Erfolg des Asiatischen Marienkäfers zu erklären? Es wurde weiter geforscht und herausgefunden, dass sich in seiner Hämolymphe sogenannte Mikrosporidien befinden, das sind winzige, pilzähnliche Einzeller, Parasiten. Sie sind ziemlich fies, denn sie befallen die Körperzellen des Käfers und führen schließlich zu seinem Tod. Erstaunlich ist, dass das Blut des Asiati-

schen Marienkäfers voller Mikrosporidien ist, ihm aber nichts passiert. In irgendeiner Form ist er gegen die gefährlichen Einzeller resistent, scheint sie an ihrem „Losbrechen" zu hindern – jedoch kann das unser Marienkäfer nicht. Er ist ja, wie gesagt, auch Kannibale. Frisst er nun ein Harlekin-Ei, dann vermehren sich die Mikrosporidien in ihm und bringen ihn letztendlich um.

Hausbesetzung

Den Winter überleben die Käfer in Verstecken, häufig unter Steinen, in Baumritzen, Laubhaufen, Mauerritzen und Dachsparren. Meist finden sich viele Tiere zusammen und gehen gemeinsam auf die Suche nach einem Unterschlupf. Dort drängen sie sich eng aneinander, fallen in eine Winterstarre und leben von ihren angefressenen Blattlaus-Kalorien. Auf ihrer Suche verschlägt es sie zuweilen auch an wärmere Orte, etwa in unsere Wohnungen. Da sie immer in großen Gemeinschaften überwintern, kann es passieren, dass Tausende, in Einzelfällen Millionen Käfer an unseren Wänden sitzen. Von ihnen geht keine Gefahr aus, sie sitzen sozusagen den Winter aus. Beim Asiatischen Marienkäfer kann es allerdings zu allergischen Reaktionen beim Kontakt mit seinem Wehrsekret kommen. Wen die Käfer stören, der entferne sie aus der Wohnung, halte die Fenster geschlossen oder besorge sich Fliegengitter.

Muttergotteskäfer

Der Marienkäfer hat im Volksmund viele Namen. Doch warum heißt er Marienkäfer? Der Name steht in Verbindung mit der Muttergottes, der Jungfrau Maria, weshalb er auch Muttergotteskäfer genannt wird. Sie soll den nützlichen Kleinen gesandt haben, damit er die Ernte von Ungeziefer frei hält. Auch die sieben Punkte unseres Glückskäfers könnten für diese Namen verantwortlich sein: Katholiken kennen die sieben Schmerzen Mariens, derer sie am 15. September gedenken. Die Schmerzensreiche, die Mater dolorosa, war hoch verehrt und vielleicht sah man in den sieben Punkten des kleinen Nützlings einen Verweis auf sie.

R. K.

171

Schillernde Besucherin – die Florfliege

Nicht alles, was sechs Beine hat und fliegen kann, ist automatisch eine Fliege. So sieht es der Zoologe. Aber in der Umgangssprache gelten keine zoologischen Ordnungssysteme, und so kam die Florfliege zu ihrem Namen. Schon rein äußerlich hat sie mit der Gemeinen Stubenfliege, die wirklich eine Fliege ist, kaum Gemeinsamkeiten. Abgesehen von der luftigen Fortbewegungsweise ist die Florfliege über und über grün gefärbt und äußerst filigran gebaut. Die lindgrüne Farbe, die den schlanken, nur etwa 10 Millimeter langen Körper bedeckt, setzt sich in den mannigfaltigen Adern fort, die die vier Flügel durchziehen. Diese liegen in Ruhe wie ein Dach am Körper an und ragen mit einer Länge von bis zu 30 Millimetern weit über ihn hinaus. Die langen dünnen Fühler übertreffen längenmäßig bei manchen Florfliegen sogar die Flügel. Diese sind durchsichtig, schillern aber je nach Lichteinfall in allen Farben des Regenbogens. Insekten mit einem solch augenfälligen Flechtwerk auf den Flügeln werden zoologisch zur Insektenordnung der Netzflügler gezählt. Auch die deutsche Bezeichnung Florfliege rührt von der Ähnlichkeit der Flügelmaserung mit einem dünnen durchsichtigen Gewebe, einem Flor, her.

Liebestolle Liedermacher

Die eine und einzige Florfliege existiert im zoologischen Sinne nicht. In Mitteleuropa gibt es etwa 20 verschiedene Arten. Fachleute nehmen zur sicheren Unterscheidung neben der teils unterschiedlichen Kopfzeichnung beispielsweise die Anordnung der Flügeladern sowie Genitalienmerkmale unter die Lupe. Selbst bei der „Gemeinen Florfliege", die 1999 zum „Insekt des Jahres" gekürt wurde, handelt es sich nicht um eine einzige Art, sondern einen Komplex aus mehreren Arten, die rein äußerlich schwer zu unterscheiden sind. Unter Gemeinen Florfliegen klappt die Identifizierung eines artgleichen Verehrers allerdings bestens. Die erste Kontaktanbahnung ist rein klanglicher Natur. Zur Paarungszeit, je nach Wetterlage ab Mai sowie im August, kommunizieren Florfliegenweibchen und -männchen mittels Balzgesängen. Die Töne erzeugen sie, indem sie durch Vibration und Zuckungen ihres Hinterleibs, den Untergrund – zumeist Blätter – in Schwingung versetzen. Es ist ein verborgenes Frühlingskonzert: Denn Florfliegen-Vertonungen bewegen sich im Ultraschallbereich und sind daher für das menschliche Gehör nicht wahrnehmbar.

Am Grund der Vorderflügel sitzt jeweils ein spezielles Organ, das sogenannte Tympanalorgan, das die arteigenen Töne erkennen kann. Praktischerweise vermag es auch die Ortungsrufe von Fledermäusen zu erfassen. Nähert sich ein solcher Nachtschwärmer auf Futtersuche einer Florfliege, lässt diese sich prompt in Richtung Boden fallen und entkommt so der Gefahr, als Nachtmahl zu enden.

Begegnungen

Die Dämmerung ist die Zeit der Florfliegen. Häufig kommen sie auf ihren Flügen, vom Licht einer menschlichen Behausung angezogen, in unsere Nähe und oftmals verglüht ein Florfliegenleben in der Flamme einer Kerze.

Eine Florfliege kommt selten allein. So finden sich Florfliegen im Spätherbst oft in großen Ansammlungen in Häusern ein, um Schutz vor der Kälte zu suchen und dort zu überwintern.

Viele Arten verfärben sich in dieser Zeit unter dem Einfluss der sinkenden Temperaturen und nehmen einen Braunton an, der wahrscheinlich in Anpassung an die veränderte Vegetation als Tarnung dient. Im kommenden Frühjahr ergrünen nicht nur Bäume und Sträucher, sondern auch die Florfliegen.

Besieht man den saisonalen Untermieter genauer, fällt die Farbe der Komplexaugen auf. Sie schimmern bei vielen Arten golden. Diese Eigenschaft spiegelt sich auch im zoologischen Familiennamen *Chrysopidae*, zu Deutsch Goldaugen, wider. Die Bezeichnung Stinkfliegen rührt daher, dass einige Florfliegenarten im Brustbereich Drüsen besitzen, aus denen sie im Falle einer Bedrohung eine unangenehm riechende Flüssigkeit absondern.

Am seidenen Faden

Am Anfang des Florfliegen-Daseins steht ein Ei am Stiel. Genau genommen hängt ein Ei am Stiel, da es zumeist an der Unterseite eines Blattes angebracht wird. Zunächst sucht eine Florfliegenmutter nach einer geeigneten Stelle und presst dann ein Tröpfchen flüssiger Spinnseide aus. Die Seide stammt aus Anhangsdrüsen des Geschlechtsapparates. Nun taucht sie den Hinterleib mit dem schon sichtbaren Ei in das klebrige Sekret und zieht dieses zu einem 6 Millimeter messenden Faden, indem sie ihr Hinterteil in die Höhe streckt. Dann wartet sie, bis der Faden ausgehärtet ist, und entlässt schließlich das komplette, etwa einen Millimeter messende Ei, das nun gestielt am Blatt hängt. Bis zu 700 Eier kann ein Weibchen legen.

Der Faden ist mit einem Fünftel des Durchmessers eines menschlichen Haares ausgesprochen dünn, gleichzeitig aber äußerst belastbar

Florfliegeneier

und biegefest. Ganz gleich, ob die Eier nach oben oder nach unten gerichtet sind: Der Stiel bleibt stabil. Die beeindruckenden Eigenschaften des winzigen Florfliegenfadens machen ihn für die Materialforschung interessant. Wissenschaftlern an der Universität Bayreuth ist es gelungen, die Seide des Stiels so nachzubauen, dass sich die Eigenschaften des künstlichen Fadens in puncto Stabilität zu 90 Prozent mit der des natürlichen Vorbilds decken. Denkbar ist ein Einsatz der Fasern beispielsweise als hauchdünne Beschichtung oder in Form von Kapseln etwa in Kosmetik, Biotechnologie und Pharmazie.

Selbst hohe Luftfeuchtigkeit tut der Sache keinen Abriss: Der Ei-Stiel kann sich um das Sechsfache seiner ursprünglichen Länge ausdehnen, bevor es zum Abreißen kommt. Grund hierfür ist die besondere Anordnung der Seidenproteine, die sich ähnlich einer Ziehharmonika auseinanderfalten können.

Forschungsfehler

Bereits in früheren Zeiten interessierten sich Forscher für die sonderbaren gestielten Gebilde, die je nach Art in Gruppen von bis zu 30 Exemplaren auf Blättern anzutreffen sind. Sie wurden zunächst in eine gänzlich andere Gruppe von Lebewesen eingeordnet und als Pilze klassifiziert. So geistern die Florfliegeneier unter der Artbezeichnung „Eiförmiger Schlauchträger" durch frühe naturkundliche Schriftstücke.

Florfliegen-Vorsorge

Der Lebensbeginn in luftiger Höhe hat gute Gründe, und die haben unter anderem mit Ameisen zu tun. Die Verbindung zwischen Florfliegen und Ameisen ist ein echter Interessenskonflikt: Florfliegenmütter deponieren ihre Eier vorzugsweise in der Nähe von Blattlausvorkommen, weil Florfliegenlarven berüchtigte Blattlausjäger sind. So stellen die Mütter eine gute Nahrungsversorgung ihrer Nachkommen sicher. In Blattlauskolonien patrouillieren jedoch Ameisen, die nicht die Blattläuse selbst, sondern deren süße Ausscheidungen schätzen und die kleinen Pflanzensauger daher vor drohenden Gefahren schützen. Ein

Florfliegen-Ei ist eine künftige Florfliegenlarve und damit eine ernste Bedrohung für eine Blattlauskolonie. Daher versehen die Florfliegenweibchen die Ei-Stiele mit speziellen Abwehrstoffen, die von Ameisen gemieden werden. Auch die eigenen Artgenossen könnten ein Florfliegenleben beenden, ehe es richtig begonnen hat, denn Kannibalismus ist unter Florfliegenlarven keine Ausnahme. Daher kann ein sprichwörtlicher Sicherheitsabstand zur Verwandtschaft lebenserhaltend sein.

Die ersten 20 Minuten

Innerhalb von etwa zwei Wochen verfärbt sich das Florfliegenei, und der Embryo scheint durch die Hülle hindurch. Die Larve ist bereit für den Schlupf, der sich über etwa 20 Minuten erstreckt. Zunächst wird in der Nähe des freien Eipols eine Wölbung sichtbar, die sich bewegt. Sie entsteht dadurch, dass die Larve mit nickenden Bewegungen das Ei von innen aufsägt. Hierfür besitzt sie ein spezielles Werkzeug auf ihrer Außenhülle, einen sogenannten Eizahn. Nach etwa zehn Minuten ist es vollbracht: Das Ei reißt auf, und die Larve bahnt sich mit schlängelnden Bewegungen ihren Weg durch den entstandenen Spalt nach draußen. Dabei streift sie zum ersten Mal in ihrem Leben ihre Haut ab, die auch den Eizahn trägt, und lässt sie in der leeren Eihülle zurück. Für eine kurze Weile bleibt die Larve noch mit dem Ei verbunden: Mit dem Hinterleib verankert hängt sie kopfüber herab. Dann umfasst sie die Eischale und zieht sich vollends aus dem Ei heraus. Nach einer weiteren kurzen Ruhepause beginnt die Kletterpartie in ihr räuberisches Larvenleben. Der je nach Art gelblich bis braungrau gefärbte Winzling klettert mithilfe der drei Beinpaare am Faden entlang. Die Flüssigkeit zur Ameisenabwehr im seidigen Stiel saugen frisch geschlüpfte Larven auf, ohne dabei zu Schaden zu kommen.

Löwenhunger

Während ihrer zwei- bis dreiwöchigen Larvenzeit verspeist jede Florfliegenlarve neben Milben und Insekteneiern bis zu 500 Blattläuse. Dies trug ihr in der Umgangssprache die Bezeichnung „Blattlauslöwe" ein.

Blattlauslöwe mit Beute

Mit bis zu acht Millimetern handelt es sich allerdings um einen recht kleinen Löwen. Auch hier driften Umgangssprache und zoologische Systematik auseinander, denn unter Zoologen sind Blattlauslöwen eine weitere nahe verwandte Netzflügler-Familie.

Für das große Fressen ist eine Florfliegenlarve bestens ausgerüstet: Sie besitzt kräftige zangenförmige Mundwerkzeuge. Mit diesen packt sie eine Blattlaus, bohrt sich durch ihre Körperhülle und spritzt Verdauungsflüssigkeit in deren Leib, die das Körperinnere auflöst. Dann saugt die Larve ihre Beute aus. Die zurückbleibende Körperhülle der Blattlaus erfüllt bei manchen Florfliegenarten einen besonderen Zweck. Am Rücken des länglichen Körpers sitzen spezielle Hakenborsten. Auf diese werden die Überbleibsel der Pflanzensauger gespießt und tarnen fortan die gefräßige Larve. Auch Wachsausscheidungen von Schildläusen werden zu diesem Zweck verwendet. Florfliegenlarven können sich unter diesem genialen Deckmantel an den Blattläusen gütlich tun, ohne dass sie die Aufmerksamkeit der wachsamen Ameisen erregen.

Ende einer wilden Jugend

Am Ende der Larvenzeit sucht sich die Larve einen geschützten Ort, zum Beispiel in der Borke eines Baums oder Strauchs und spinnt sich dort mithilfe der Spinndrüsen an ihrem Kopf in einen dichten

Kokon ein. Dieser gleicht in Form und Größe einer Erbse. Kurz vor dem Schlupf wirkt der Kokon dünn, und die dunkle Puppe scheint hindurch. Aus dem weißen Geflecht schlüpft nach bis zu vier Wochen jedoch keine fertige Florfliege, sondern eine selbst unter Insekten rare Gestalt: eine bewegliche Puppe. Diese kriecht zumeist an das Ende eines Zweigs, wo sie sich senkrecht festklammert und sodann aus ihrer Puppenhülle schlüpft, die Flügel mit Körperflüssigkeit aufpumpt und schließlich davonflattert.

Als Erwachsene sind nur noch einige Florfliegenarten in der Blattlausbekämpfung aktiv, während die übrigen von Nektar, Pollen und Honigtau, also den Ausscheidungen der Blattläuse, leben. In Bezug auf Blattläuse werden sie im Laufe ihres Lebens also vom Feind zum Freund.

Gärtnergehilfen

Um die Schreckenstiere eines jeden Gärtners zu bekämpfen, kommen Larven der Gemeinen Florfliege in Gewächshäusern als natürliche Schädlingsbekämpfer zum Einsatz. Es gibt sie auch für den Hobbygärtner zu kaufen. Will man Florfliegen in direkter Nachbarschaft Quartiere anbieten, gibt es eigens dafür entwickelte Kästen aus Holzbeton. Alternativ kann man auch Holzkästen verwenden. Gefüllt mit Weizenstroh eignen sie sich als perfektes Überwinterungsquartier. Mit etwas Glück kann man die anmutigen Tiere ansiedeln und sich im kommenden Frühjahr über tatkräftige Unterstützung bei der Blattlausbekämpfung freuen.

C. H.

Strahlender Reisender – das Glühwürmchen

In der Großstadt sieht man sie so gut wie nie, doch am Stadtrand oder in ländlicheren Gebieten können sie schon mal durch den Garten tanzen, die Glühwürmchen. Von ihnen gehört hat man, doch gesehen hat sie nicht jeder. Sie umgibt ein Flair des Romantischen, aber auch des Geheimnisvollen, denn wie und warum strahlen sie nur?

Wurm oder nicht Wurm?

Glühwürmchen, das ist ein schönes Wort, weiche Konsonanten das G, das L, das W, das M, ein hauchendes H, ein sanftes CH, hinzu kommen noch zwei liebenswerte, kleine Üs – und fertig ist ein sanftes, schmeichelndes Wort mit einer Vernieldichung, einer Koseform: Hier glüht kein Wurm, sondern ein Würmchen. Eigentlich aber leuchtet dort ein Käfer (hartes K, helles Ä, fauchendes F!), ein Leuchtkäfer.

Das sind die Glühwürmchen nämlich eigentlich, Käfer, die leuchten können, und das klingt immer noch nett, aber nicht mehr so süß. Allerdings sehen die Weibchen gar nicht süß aus, und so gar nicht wie Käfer, eher wie Larven, mit etwas Fantasie kann man verstehen, dass sie als Wurm bezeichnet werden. Die Männchen jedoch sind bei den meisten Arten waschechte Käfer bis hin zu ihren festen Deckflügeln. Die Weibchen warten in Bodennähe auf fliegenden oder nicht fliegenden Herrenbesuch.

„[…] Spät tritt der Abend in den Park,
mit Sternen auf der Weste.
Glühwürmchen ziehn mit Lampions
zu einem Gartenfeste. […]"

(Erich Kästner, Der Juni)

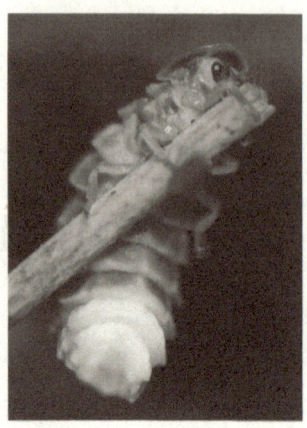

Weiblicher Leuchtkäfer   *Männlicher Leuchtkäfer*

Die blinkenden Leuchtkäfer fliegen bei uns im Juni und Juli. Ihre Lichtsignale dienen der Kommunikation, genauer gesagt finden durch Licht und Blinksignale Männchen und Weibchen zueinander. Das Leuchten vollzieht sich in den Leuchtorganen, die im Hinterleib der Tiere sitzen – bei den fliegenden Männchen liegen sie auf der Unterseite des Bauches, damit das Weibchen sie von unten sehen kann. Die Leuchtorgane sind raffinierte Strukturen, sie tragen außen glasartige Bereiche und innen reflektiert eine Schicht von Salzkristallen das Licht optimal. Übrigens leuchten auch die Eier und die Larven immer ganz schwach, wahrscheinlich zur Abschreckung von Fressfeinden – sozusagen ein Warnlicht statt Warnfarben.

Die Weibchen sitzen erhöht, zum Beispiel auf Pflanzen oder Steinen, und senden ihr Licht aus, damit die Männchen sie im Dunkeln sehen. Jede Art hat ihre eigenen Blinksignale, auf das nur passende Partner antworten. Nur passende Partner? In den Tropen gibt es Fressfeinde der dortigen Leuchtkäfer, die die individuellen Erkennungszeichen bestimmter Arten imitieren können. So locken sie paarungsbereite Käfer an, um sie zu verspeisen.

Doch das Blinken ist ein gefährliches Spektakel, denn wer leuchtet, wird von Freund, aber auch vom Feind gesehen. Weibchen bevorzugen Partner, die kräftig, lange oder in einem schnellen Rhythmus blinken – doch jedes Licht zeigt dem Fressfeind: Hier bin ich! Das Blinken des Leuchtkäfers ist also Chance und Wagnis zugleich.

Teuflisches Licht

Luciferase – da denkt man an Luzifer, an Höllenfeuer und Schwefelgeruch. Aber nein, Luzifer, der gefallene Engel, war eine Lichtgestalt, und Lucifer bedeutet auf lateinisch „Träger des Lichts". Luciferasen sind Stoffe, die Tiere zum Leuchten bringen, beim Leuchtkäfer sind sie beteiligt an einem Prozess, bei dem der Leuchtstoff Luciferin oxidiert wird, wobei als Nebenprodukt Licht entsteht. Diesen chemischen Prozess, in dessen Verlauf wirklich Licht entsteht und nicht etwa eingegangene Strahlung reflektiert oder ihre Energie kurzzeitig aufgenommen und dann als Licht abgegeben wird, nennt man Biolumineszenz.

Biolumineszenz ist im Tier- und Pflanzenreich eine Möglichkeit, um zu leuchten. Nicht nur die Leuchtkäfer nutzen sie, auch Schnecken und Tausendfüßler und besonders häufig Tiefsee- und Meeresbewohner, etwa Quallen, Algen, Krebse, Tintenfische und Muscheln, aber auch Pilzarten, wie der Hallimasch, und Moose leuchten dank dieser chemischen Reaktion. Vielleicht locken sie so nachts Insekten an, die ihre Sporen verteilen?

Nicht immer leuchten die Organismen selbst, manche von ihnen nutzen die Leuchtfähigkeit anderer. Sie beherbergen leuchtende Bakterien, die den Vorteil genießen, in den speziellen Leuchtorganen ihrer Gastgeber geschützt zu leben.

Das berühmte Meeresleuchten beruht übrigens ebenfalls auf der Biolumineszenz und wird von einzelligen Algen erzeugt.

Das Leuchten kann der Anlockung von Beute oder zur Abschreckung von Feinden dienen, etwa bei Quallen. Wie Warnfarben kann auch ein Warnleuchten Fressfeinde darauf hinweisen, dass der Leuchtende giftig ist. Tintenfische nutzen die Biolumineszenz zur Flucht: Sie stoßen bei Gefahr „Tinte" und Leuchtpartikel aus, lenken so von sich ab und machen sich unbemerkt aus dem Staub. Fische leuchten zuweilen, um sich zu tarnen, so widersprüchlich das klingt: Sie werden von unter ihnen schwimmenden Fischen dann nicht als dunkler Schatten vor der hellen Wasseroberfläche wahrgenommen, sondern verschmelzen dank des Lichtes mit ihr.

Biolumineszenz ist eine sehr effektive Leuchtmethode. Während unsere alte Glühbirne 95 Prozent Wärme abstrahlt und nur 5 Prozent Licht, ist das Verhältnis bei den Leuchtkäfern genau umgekehrt.

Leuchten dank Sonnenlicht

Andere Arten des Leuchtens sind die Fluoreszenz beziehungsweise die Phosphoreszenz. Man findet sie zum Beispiel bei Korallen, Quallen und Seeanemonen. Hier entsteht kein Licht, sondern es wird kurzwelliges und energiereiches UV-Licht absorbiert und sofort wieder abgegeben, jetzt allerdings in dem für uns sichtbaren Bereich des Licht-Spektrums. Dies nennt man strahlende Desaktivierung, das heißt, angeregte Elektronen geben die aufgenommene Energie in Form von Photonen (Lichtteilchen, von griechisch phos = Licht) ab. Der Unterschied zwischen Fluoreszenz und Phosphoreszenz liegt nur in der Länge des Nachleuchtens. Bei der Fluoreszenz ist es kürzer als bei der Phosphoreszenz.

Fliegen und leuchten

In Deutschland leben drei heimische Arten von Leuchtkäfern – weltweit sind es etwa 2000. Die erwachsenen Tiere können nicht immer fliegen und leuchten. Das führt dazu, dass man bei uns ganz sicher sagen kann, wer da fliegt und zugleich leuchtet, nämlich die Kleinen Leuchtkäfer-Männchen. Sie alleine können beides. Beim Großen Leuchtkäfer fliegen sie und schimmern höchstens ganz schwach, beim Kurzflügel-Leuchtkäfer kann das Männchen leuchten, aber nicht fliegen – es hat sehr reduzierte Flügel.

Die Weibchen können mehr oder weniger stark glühen, um die Männchen auf sich aufmerksam zu machen.

Larve und Käfer

Hat sich ein Leuchtkäfer-Pärchen gefunden und gepaart, so stirbt das Männchen kurz danach. Das Weibchen legt je nach Art zwischen 60 und 200 Eier in den Boden, ins Gras oder unter Steine, und stirbt dann ebenfalls – beide haben ihre Aufgabe erfüllt. Nach vier Wochen schlüpfen die Larven. Sie häuten sich mehrfach und brauchen mehrere Jahre, bis sie sich schließlich verpuppen. Dazu suchen sie sich eine kleine Höhlung in der Erde. Die Puppenruhe dauert etwa zwei Wochen, dann schlüpft der Käfer, der bald auf Partnersuche geht. Er lebt nur kurz, nämlich zwei bis vier Wochen.

Leuchtattraktionen

Es ist natürlich ein Erlebnis, einheimische Leuchtkäfer schimmern zu sehen. Aber die wirklich spektakulären Lichtereignisse findet man hier nicht. Dafür muss man in die Tropen reisen. Dort verfallen Leuchtkäfer rasch in den gleichen Blinkrhythmus wie ihr Nachbar, sodass es passieren kann, dass ganze Bäume im gleichen Rhythmus blinken, vergleichbar einer riesigen Lichtershow.

Schneckenfresser

Ist das erwachsene Tier aus seiner Puppe geschlüpft, frisst es nichts mehr. Für die wenigen Tage, die es lebt, zehrt es von dem, was es sich als Larve angefressen hat. Und die Larve kann wirklich Großes verdrücken. Sie selbst wird bis zu 0,25 Zentimeter groß und vertilgt Schnecken, die bis zu 12-mal so groß sind wie sie, sowohl Nackt- als auch Gehäuseschnecken, und ist deshalb bei Gärtnern sehr beliebt. Die Larven folgen den Schleimspuren der Schnecken, lähmen sie mit Giftbissen und fressen sie dann über viele Stunden, teilweise dauert ihr Mahl mehr als einen Tag.

Leuchtkäfer in unseren Gärten

Auf dem Land sind Leuchtkäfer leichter anzutreffen als in der Stadt. Und selbst wenn ein Kleingarten in der Großstadt die idealen Bedingungen für sie bietet, werden sie wahrscheinlich nie dort hingelangen. Sie benötigen feuchte Standorte sowie schattige und offene Flächen. Finden sie diese, so können sie sich ausbreiten, falls passende Gebiete in der Nähe liegen. Um nun in unseren Kleingarten zu gelangen, müssten sie auf ihrem Weg dorthin durchgehend diese Bedingungen vorfinden, und das ist meist nicht gegeben. In städtischen Parkanlagen etwa kann man sie selten sehen. In den schattigen Bereichen finden die Larven ihre Nahrung und die erwachsenen Tiere können sich im heißen Sommer dorthin zurückziehen. Die offenen Flächen bieten den männlichen Käfern eine freie Flugbahn.

Aber vielleicht liegt der Garten am Stadtrand oder an einem Fluss, der die Stadt durchzieht. Was kann man dann tun, um den eigenen Garten für Leuchtkäfer interessant zu machen? Giftfrei muss er sein. Verstecke sind nötig, etwa Laubstreu, Steine, leere Schneckenhäuser oder Löcher in der Erde. Lichtverschmutzung hingegen ist katastrophal – ein weiterer Grund, warum es Leuchtkäfer in der Stadt sehr schwer haben. Licht stört die Männchen, sie meiden hell beleuchtete Bereiche und werden nur von geringen Lichtstärken angezogen. Die Larven werden erst aktiv, wenn es dunkler wird; bereits in hellen Vollmondnächten regen sie sich weniger. Der Garten darf also nicht zu viel künstliche Beleuchtung aufweisen.

Seelen und Irrlichter

In Japan ist das Glühwürmchen eine Art nationales Heiligtum. „Hotaru" wird es genannt, was auch den Einklang zwischen Mensch und Natur bedeutet. Bei uns galten Glühwürmchen als die Seelen der Toten, kleine Lichter, die ruhig in den Himmel steigen. Man sah in ihnen aber auch Irrlichter und Schutzengel. Bei den Römern waren sie Orakeltiere und in späteren Zeiten versuchte man, in ihrem Verhalten Hinweise auf das zukünftige Wetter zu finden. Ihren anderen Namen Johanniswürmchen haben sie erhalten, weil sie vor allem um den 24. Juni, dem Johannistag, ihre leuchtenden Bahnen ziehen.

R. K.

Ewiger Gärtner – der Regenwurm

Wenn nach langer Trockenheit die ersten Regentropfen fallen, liegt ein ganz besonderer Geruch in der Luft: Geosmin, übersetzt Erdgeruch. Dabei handelt es sich um einen Alkohol, gebildet von Bakterien im Erdboden. Diese tummeln sich häufig in den Gängen eines unermüdlichen Tunnelbauers, des Regenwurms. Den einen und einzigen Regenwurm gibt es nicht, denn 47 Regenwurmarten wühlen sich durch die Böden von heimischen Gärten, Wäldern und Wiesen.

Gewöhnlich und genial

Einer der häufigsten Regenwürmer ist der rotbraun gefärbte und bis zu 30 Zentimeter lange Gewöhnliche Regenwurm. Während flachgrabende Arten die oberen Bodenschichten besiedeln und andere, sehr bleiche Vertreter tief im Erdreich leben und lieben, bevölkert dieser mehrere Erdschichten. Er lebt allein in einem mehrstöckigen Gangsystem, das er entweder selbst gräbt oder, wenn es leer steht, von einem anderen übernimmt. In der Regel besteht es aus einem Hauptgang, der im unteren Bereich unverzweigt ist und bis in mehrere Meter Tiefe reichen kann, sowie fächerförmig abzweigenden Gängen im oberen Bereich, wo er in der Nacht auf Nahrungssuche geht.

Eine französische Redensart besagt: „Der liebe Gott weiß, wie man fruchtbare Erde macht, und er hat sein Geheimnis den Regenwürmern anvertraut." In der Tat bringen die Tiere Luft in den Boden, lockern und durchmischen die Erde und sorgen für nahrhaften Dünger. Oftmals folgt eine Wurzel dem Wurm, denn Pflanzen nutzen die Erdtunnel als Wachstumskanäle und Nährstofflieferanten. Der Gewöhnliche Regenwurm tapeziert seine Gänge mit Kot und Schleim, und diese Tapete wiederum wird von vielen Bodenbewohnern wie Pilzen und Bakterien besiedelt, die wertvolle Zersetzungsarbeit leisten. Darunter sind auch die Produzenten des Geosmins. So umweht uns bei Regenbeginn ein luftiger Gruß aus der Welt der Würmer.

Muskelspiele

Die Bezeichnung Wurm bedeutet ursprünglich „Der sich Windende", und genau so bewegt sich der Regenwurm auch fort: Damit er das kann, besteht sein Körper aus einem sogenannten Hautmuskelschlauch: Unter einer dünnen Außenhaut befinden sich Muskeln, die quer, längs und diagonal verlaufen. Die Quermuskeln sind in kleine Pakete unterteilt, die Segmente genannt werden, und die die auffällige Ringelung des Wurmkörpers bedingen. Diese Anordnung ist ein uraltes Erbe, das auch wir Menschen in uns tragen. Nur ist es nicht bei allen gleich gut sichtbar, lediglich bei Sportlern mit durchtrainiertem Waschbrettbauch. Aus bis zu 180 Segmenten besteht der Körper des Gewöhnlichen Regenwurms. Werden die Quermuskeln zusammengezogen, wird er lang und dünn. Kontrahieren hingegen die Längsmuskeln, wird der Wurm kurz und dick. Werden sie nur einseitig zusammengezogen und die außerdem vorhandenen Diagonalmuskeln eingesetzt, krümmt sich der Körper. Als Widerlager dient die Flüssigkeit im Innern des Wurms. Denn im Gegensatz zum menschlichen Knochenskelett besitzt ein Regenwurm ein sogenanntes Hydroskelett, vergleichbar einem wassergefüllten Luftballon. Zusätzlichen Halt geben die nach hinten gerichteten Borsten, von denen an jedem Segment vier Paare sitzen.

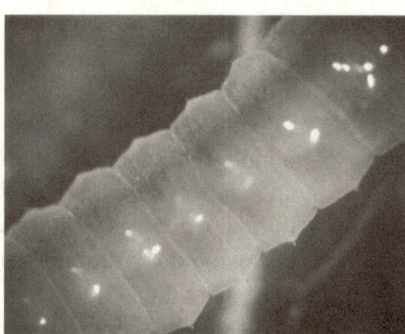

Ringe und Borsten

Mithilfe spezieller Muskeln können die Borsten ausgefahren und aufgerichtet werden. Versucht beispielsweise eine hungrige Amsel, einen Regenwurm aus dem Erdreich zu ziehen, erweist sich dies aufgrund der entgegengestellten Borsten als äußerst schwierig.

Bohrungen fürs Eigenheim

Auch beim Graben lässt der Regenwurm seine Muskeln spielen. Findet er geeignete Lücken im Boden, verankert er sich mithilfe der Borsten am hinteren Teil des Körpers im Erdreich und schiebt sich mit dem Vorderende hinein. Durch Zusammenziehen der Längsmuskeln drückt er das Erdreich auseinander und formt so Stück für Stück eine Wohnröhre.

Bis zu sechs Wochen kann es dauern, bis das unterirdische Gangsystem des Gewöhnlichen Regenwurms fertiggestellt ist. Wie andere größere Regenwurmarten nutzt er seine Behausung längerfristig und legt sie daher so an, dass er in tieferen Bereichen vor Hitze und Kälte geschützt ist. Bei seinen Bautätigkeiten betreibt der Regenwurm sprichwörtlich Multitasking, denn zeitgleich zum Verankern und Graben sondert er Schleim und Kot ab, um besagte Tapete im bereits fertiggestellten Abschnitt aufzubringen. Sein Eigenheim besitzt sogar eine Tür, er verschließt den Eingang zu seiner Wohnröhre mit einem Blatt oder einigen kleinen Steinchen. Vermutlich soll der Verschluss vor Regenwasser und kalter Luft schützen.

Ständig werden Renovierungsarbeiten durchgeführt und die Tapete immer wieder dem aktuellen Körperumfang des Bewohners angepasst, um sich mit seinen Borsten beim Durchkriechen stets gut verankern zu können. Nach der Sommerruhe während der heißesten Monate des Jahres sowie der Winterruhe ist der Tunnelbewohner schlanker und muss entsprechend seine Gänge verengen.

Mahlzeit!

Während die in oberen Erdschichten heimischen Regenwurmarten eher ein nomadisches Leben führen und auf der Suche nach Fressbarem den Boden durchpflügen, mag es der Gewöhnliche Regenwurm gerne häuslich. Verankert in seiner Röhre sucht er in der Umgebung unter anderem nach abgestorbenen Pflanzenteilen wie Blättern. Den Happen ergreift er sodann mit seinem äußerst beweglichen, muskulösen Kopflappen und zieht ihn in die Tiefe, um in seinem unterirdischen Heim zu speisen. Angefangen von der nach unten gerichteten Mundöffnung durchläuft die Nahrung praktisch den gesamten Regenwurmkörper. Kalkdrüsen neutralisieren Säuren im Nahrungsbrei, Magenmuskeln und verschluckte Sandkörner helfen beim Zerkleinern. Die eigentliche Zersetzung findet im Mitteldarm statt, wo Millionen Bakterien und Pilze beim Aufschließen der Nahrung behilflich sind. Regenwürmer können trotz der Helferschar nur einen geringen Teil der Nährstoffe nutzen. Das macht ihren Kot sehr nährstoffreich. Alles, was nicht für die Tapezierarbeiten genutzt wird, setzt der Gewöhnliche Regenwurm in Form von turmförmigen Häufchen auf der Erdoberfläche ab. Bei einigen tropischen Arten sind die Gebilde mit bis zu 15 Zentimeter Höhe wahre Haufen.

Wurmhochzeit

Regenwürmer sind sprichwörtliche Schleimer und hinterlassen auf ihren Wegen stets Spuren, die Artgenossen nicht nur mitteilen, ob ein Gangsystem bereits besetzt ist, sondern auch, ob ein liebestoller Mitwurm seine betörende Duftnote hinterlassen hat. Zwar können die Würmer selbst mit ihren einfachen Sehzellen nur Hell und Dunkel unterscheiden, aber wir können ihnen die Paarungsbereitschaft deutlich ansehen. Denn jetzt bilden Regenwürmer ein besonderes Organ, das sogenannte Clitellum, übersetzt Tragsattel, das den Wurmkörper sattelförmig umgibt. Beim Gewöhnlichen Regenwurm reicht es vom 32. bis zum 37. Körperring.

Prinzipiell kann sich jeder in jeden verlieben, denn Regenwürmer sind Zwitter, das heißt, sie besitzen sowohl männliche als auch weibliche Geschlechtsorgane. Beim Gewöhnlichen Regenwurm findet die Paarungszeremonie oberirdisch statt. Treffen sich zwei geneigte In-

Regenwurm-Rendezvous

dividuen, schmiegen sie sich mit voneinander abgewandten Köpfen bäuchlings aneinander. Jedes Clitellum sondert reichlich Schleim ab und umschließt die Liebenden. Spezielle Halteborsten verhindern ein Abrutschen. Mit ihren Körpern bilden die beiden Partner eine Rinne, über die sie Sperma austauschen.

Damit es zu keiner Vermischung und damit Selbstbefruchtung kommt, sind die Spermien jeweils in einer Hülle eingeschlossen. Diese Pakete bewegen sich nun unter Mithilfe von Muskelbewegungen zu einer speziellen Körperhöhlung, der Samentasche, des jeweils anderen Wurms. Dort werden sie vorerst zwischengelagert. Erst dann beginnen die Eier in den Eierstöcken zu reifen.

Ein Kokon fürs Kind

Die Befruchtung vollzieht dann jeder Wurm einige Wochen später allein und unterirdisch. Hierfür wird am Clitellum eine ringförmige Schleimhülle gebildet, in die eine eiweißreiche Nährflüssigkeit abgeschieden wird. Aus diesem Gebilde zieht sich der Regenwurm langsam rückwärts heraus. Sobald seine an verschiedenen Körperringen liegenden Geschlechtsporen die Hülle passieren, gelangen zunächst meist mehrere Eier und nachfolgend etwas Sperma in die Hülle. Nach dem endgültigen Herausgleiten des Wurms schnurrt die Schleimhülle an beiden Seiten zusammen. Der entstandene Kokon hat eine Länge von etwa einem halben Zentimeter und die Form einer winzigen Zitrone. In diesem Kokon schlüpft zumeist lediglich eine kleine Wurmlarve aus dem Ei und ernährt sich von der Nährflüssigkeit. Langsam wird der Winzling immer wurmähnlicher und schlüpft schließlich je nach Außentemperatur nach bis zu vier Monaten in einem kräftezehrenden, mitunter über drei Stunden dauernden Akt aus dem Kokon. Jährlich kommen so um die acht Miniaturausgaben des Gewöhnlichen Regenwurms zur Welt.

Wurm im Regen

Vor allem bei Regenwetter zieht es die Erdbewohner an die Oberfläche. Ob sie deshalb Regenwürmer genannt werden oder ob sich der Name aus der Bezeichnung „reger Wurm" herleitet, ist nicht klar.

Ebenso wenig wie der Grund, warum sie im Regen auf Wanderschaft gehen. Das Volllaufen der Regenwurmtunnel und damit verbundene Erstickungsgefahr scheinen aber nicht dahinterzustecken. Die Tiere nehmen Sauerstoff über die Haut auf und können nachweislich über 36 Stunden auch in sauerstoffarmem Wasser überleben und notfalls auf sauerstoffunabhängige Stoffwechselprozesse umschalten.

Riesenwürmer

Den Größenrekord hält der australische Riesenregenwurm mit einer Länge von bis zu drei Metern, der bei Gefahr Körperflüssigkeit verspritzt. Auch hierzulande findet sich mit dem bis zu 60 Zentimeter langen Badischen Regenwurm, der im Schwarzwald lebt, ein beeindruckend großer Vertreter.

Warnung via Vibration

Das Prasseln der Regentropfen ähnelt dem Getrappel eines Feindes der Würmer, des Maulwurfs. Und Vibrationen, die durch die Erde übertragen werden, können Regenwürmer mittels Sinneszellen, die gruppenweise auf dem gesamten Körper verteilt sind, wahrnehmen. Das ist auch gut so, denn Maulwürfe fangen Regenwürmer und beißen die ersten Ringe im Kopfbereich ein oder ab. Gehen nur wenige Ringe verloren, verfallen Regenwürmer in eine Starre, bis die fehlenden Teile sich neu gebildet haben. So kann sich ein Maulwurf eine lebende Speisekammer voll unbeweglicher Regenwürmer anlegen.

Mittels Vibrationen locken auch amerikanische Angler beim sogenannten „worm-grunting" (Wurmgrunzen) die Erdbewohner an die Oberfläche, um sie als Köder zu verwenden. Dabei müssen sie nicht schweigen, denn einen Hörsinn wie bei uns Menschen, bei dem Schallwellen durch die Luft übertragen werden, besitzen Regenwürmer ganz sicher nicht. Der berühmte Naturforscher Charles Darwin führte hierzu Experimente durch und stellte fest, dass sie auf Töne einer Metallpfeife, eines Fagotts und eines Klaviers nicht reagierten. Aber auch so kommen sie seit 420 Millionen Jahren auf und vor allem in der Erde prima zurecht.

C. H.

Geselliger Sauber-
mann – der Ohrwurm

Ohrkneifer, Ohrwurm – das klingt nach einem gefährlichen Tier!
Doch wieder einmal verspricht der Name mehr, als er hält: Der
Ohrwurm krabbelt nicht gezielt in menschliche Ohren, er kneift nicht
die Trommelfelle durch und er ist auch gar kein Wurm. Was ist er denn
dann? Und was tut er den lieben langen Tag, wenn er keine Ohren
zum Kneifen sucht?

Ohrwurm-Grundinfos

Natürlich ist ein Ohrwurm kein Wurm, er hat sechs Beine und ist ein
Insekt, genauer gesagt ein Fluginsekt. Weltweit existieren mehr als
1000 Ohrwurm-Arten, nur sieben von ihnen leben bei uns. Meist treffen wir hier den Gemeinen Ohrwurm oder den Kleinen Ohrwurm an.
Zu identifizieren sind Ohrwürmer sehr einfach an den Anhängen, die
sie an ihrem Hinterleib tragen, und die zum Teil wie Zangen aussehen.
Ihr etwas platter Körper ist klar strukturiert: Der Kopf mit den Komplexaugen, beißend-kauenden Mundwerkzeugen und den langen, klar
gegliederten Antennen, die an starre Perlenketten erinnern. Die Brust
mit den drei Beinpaaren und den zwei nebeneinander liegenden Flügeldecken auf dem Rücken. Der gegliederte Hinterleib mit den häufig
zangenförmigen Anhängen (Cerci). Nicht zu sehen ist, dass manche
Ohrwürmer an ihrem Hinterleib Stinkdrüsen tragen, um Feinde abzu-
wehren.
    Der Ohrwurm ist nachtaktiv, tagsüber versteckt er sich in dunklen
Ecken, unter Steinen, in der Laubstreu etc. Er überwintert im Boden
und ist, je nach Wetter, von Februar bis Ende Oktober aktiv.

Warum heißt der Ohrwurm Ohrwurm?

Earworm/earwig, perce-oreille – auch die englische beziehungsweise französische Sprache bringt das kleine Insekt mit den Ohren in Verbindung. Zwei Erklärungen gibt es dafür:

Zum einen wurde immer wieder erzählt, der Ohrwurm krabble in das menschliche Ohr – was er nicht tut, höchstens aus Versehen, denn er flüchtet vor dem Menschen. Weiter wird gesagt, dass er dort mit seiner Zange das Trommelfell durchzwicken soll, um danach seine Eier in den Gehörgang zu legen. Unmöglich, da die Zange nie und nimmer durch unser Trommelfell käme. Und dass das Weibchen die selbst gegrabene Erdhöhle gegen ein menschliches Ohr eintauscht, um seine Eier dort abzulegen, ist undenkbar.

Die zweite Erklärung für den Namen ist, dass im Mittelalter Ohrwürmer als Heilmittel gegen Ohreninfektionen oder Taubheit galten. Noch im 19. Jahrhundert findet man in medizinischen Büchern Rezepte mit pulverisierten Ohrwürmern.

Die deutsche Bezeichnung Ohrwurm kennt noch eine andere Erklärung: Öhrwurm, von Nadelöhr, woran die Zangen am Hinterleib erinnern.

In anderen Ländern, etwa Finnland oder Spanien, wird der Ohrwurm nach seinem prägnantesten Körperteil benannt: der Zange. Im Spanischen heißt er „el cortapichas" (cortar bedeutet schneiden und picha heißt Schwanz) oder „tijereta", was Scherchen bedeutet.

Origamikünstler

Ohrwürmer gehören zu den Fluginsekten, was schon aufhorchen lässt. Fliegende Ohrwürmer? Das erlebt man selten, fast immer sichtet man krabbelnde Exemplare. Doch betrachtet man einen Ohrwurm, dann sieht man auf seinem Rücken zwei kleine, nebeneinander liegende Schildchen. Das sind die stark verkürzten und verhärteten Vorderflügel, Elytren genannt. Darunter befinden sich, fein säuberlich zusammengefaltet, die beiden großen Hinterflügel – wer genau hinschaut, sieht zum Hinterleib hin die Enden der zusammengelegten Flügel unter den verhärteten Schildchen hervorschauen. Möchte der Ohrwurm nun fliegen, dann gilt es zunächst, die gefalteten Flügel aufzurichten, dazu nutzt er seine Zange. Mit ihrer Hilfe werden die Falten des ersten Flügels ausgestrichen, bis er an zwei Stellen einrastet und dadurch stabilisiert wird. Das Gleiche geschieht danach mit dem zweiten Flügel. Einfach so losfliegen ist also nicht möglich, der Ohrwurm braucht ein wenig Vorlaufzeit, bis er abheben kann.

Nach dem Fliegen entkoppelt der Ohrwurm die beiden Stellen, die eingerastet waren, und die Flügel falten sich von selbst wieder zusammen. Dafür hat die Natur sich eine Art Gummiband einfallen lassen: An einigen Faltpunkten des Flügels befindet sich ein elastisches Protein namens Resilin, das das automatische Zusammenfalten der Flügel bewirkt. Und so falten sich die Flügel längs und quer entlang bestimmter Linien mehr und mehr zusammen, sehr kunstvoll, möchte man sagen, und teilweise liegen bis zu 40 Lagen übereinander, um schließlich unter den verhärteten Vorderflügeln sicher verstaut zu werden.

Ohrwürmer fliegen höchst selten, was zu verschiedenen Vermutungen Anlass gibt: Sind sie überhaupt flugfähig? Sind sie einfach zu faul zum Fliegen? Ist ihnen die ganze Flügel-Entpackerei und Flügel-wieder-Zusammenfalterei zu viel? Die Antwort kennt man bisher nicht.

Fossilien

Es gibt wunderschöne Bernsteinfunde, in denen ein Ohrwurm mit ausgebreiteten Flügeln verewigt ist. Die ältesten Fossilien mit Ohrwürmern hat man in Kasachstan gefunden, sie sind etwa 200 Millionen Jahre alt. Sie sehen fast so aus wie unsere heutigen Ohrwürmer, nur die Hinterleibsanhänge sind noch keine Zangen. Schon damals wurden die Flügel anscheinend genauso gefaltet wie heute.

Mutterliebe

Das Ohrwurm-Weibchen legt im Herbst eine Wohnröhre an, in die manchmal auch ein Männchen mit einzieht, um zu überwintern. Im Frühjahr muss das Männchen die Unterkunft verlassen, denn nun legt das Weibchen seine Eier. Doch es überlässt sie nicht sich selbst, es bleibt bei ihnen und betreibt aktive Brutpflege: Es passt auf sie auf und

Brutpflege durch ein Ohrwurm-Weibchen

verteidigt sie, es säubert sie durch Ablecken von Pilzbefall, trägt sie im Nest hin und her und sortiert abgestorbene Eier aus, die es auffrisst.

Aus den Eiern schlüpfen die sogenannten Nymphen, kleine Versionen des Ohrwurms, die sich im Laufe ihrer Entwicklung mehrfach häuten, sich jedoch nicht mehr verpuppen und ihre Form ändern müssen. Die Mutter bringt ihnen Nahrung, zum Teil füttert sie sie. Forschungen an der Universität Mainz haben ergeben, dass junge Ohrwürmer, die von ihrer Mutter umsorgt werden, sich nicht um das Futter streiten oder darum in Konkurrenz treten, sondern es untereinander aufteilen. Sie beherrschen also ein soziales Miteinander. Ein Versuch der Mainzer Forscher, Ohrwürmer ohne Mutter und damit ohne Brutfürsorge aufzuziehen, ergab erstaunliche Resultate: Die Ohrwürmer waren größer als gewöhnlich, jedoch waren sie weniger fürsorglich bei ihrem eigenen Nachwuchs als ihre von einer Mutter aufgezogenen Artgenossen. Sie fütterten und verteidigten ihn weniger.

Ihre behütete Kindheit scheint Ohrwürmer zudem dahingehend zu prägen, dass sie auch später noch nicht ständig allein sind, denn viele von ihnen treffen sich gerne morgens zu Schlafgemeinschaften.

Bei manchen Arten stirbt das Weibchen in der Wohnhöhle bei den Nymphen, und wird dann von ihnen aufgefressen.

Weiblicher Ohrwurm mit zarteren und geraden Cerci

Zange

Viele Insekten tragen am Hinterleib sogenannte Cerci. Das sind Anhängsel, die je nach Lebensweise ihrer Träger unterschiedlich gestaltet sein können, etwa als Tast- oder Hörhaare. Beim Ohrwurm sind sie zum Teil zu zangenartigen Gebilden umgewandelt. Die Zange ist kräftig und wird wie das gesamte Äußere des Ohrwurms aus dem besonders harten Stoff Chitin gebildet. Die verschiedenen Ohrwurmarten werden häufig anhand ihrer Zangen bestimmt. Sie sehen allerdings nur beim Männchen wie eine Zange aus, weil die beiden Cerci zueinander gebogen sind. Sie sind kräftiger als die der Weibchen und tragen an ihrem Ansatz je ein oder zwei „Zähnchen". Beim Weibchen sind die beiden Anhänge gerade, zarter und es finden sich keine „Zähnchen".

Wie erwähnt wird die Zange genutzt, um die Flügel zu entfalten. Da der Ohrwurm jedoch so selten fliegt, hat er viel Zeit, sie noch zu anderen Verwendungen einzusetzen: Sie dient der Verteidigung gegen Feinde – zum einen reckt das Insekt seinen Hinterleib und die Zange in die Höhe und droht so dem Gegner. Zum anderen kann es auch recht kräftig damit zwicken. Mit der Zange lässt sich zudem Beute effektiv greifen und festhalten. Und schließlich nutzt das Männchen sie, um das Weibchen in eine passende Paarungsposition zu bringen.

Männlicher Ohrwurm mit zangenartigen Cerci

Schädling oder Nützling?

Ohrwürmer fressen sowohl pflanzliche Kost als auch tierische. Gerne werden Blüten angeknabbert, was den Gärtner gar nicht freut. Sie verspeisen aber auch pro Nacht bis zu 100 Blattläuse, weswegen sie als Nützlinge gerne in den Garten gelockt werden. Außerdem fressen sie Larven anderer Insekten, Käfer, verschiedene Läuse oder Spinnmilben. Bei Früchten können sie weichschalige Arten anknabbern, bei harten Schalen nutzen sie vorhandene Fraßspuren anderer Tiere.

Um sich Ohrwürmer in den Garten zu holen, kann man fertige Ohrwurmhäuser oder -hotels kaufen, die ihnen Verstecke bieten. Man kann sie aber auch einfach selbst machen: Ein Blumentopf aus Ton, gefüllt mit Stroh oder Holzwolle, das Ganze mit einem Netz oder Draht gesichert und kopfüber aufgehängt – fertig ist die Ohrwurm-Herberge.

Dabidudeldu

Man kann natürlich nicht über das Insekt Ohrwurm schreiben, ohne auch auf den musikalischen Ohrwurm einzugehen. Und wer kennt das nicht: Wir hören eine Melodie, wir lesen etwas, was uns an ein Lied erinnert, und schon ist er da: der Ohrwurm! Er setzt sich fest, lässt uns nicht mehr los und bringt uns dazu, eine Melodie immer und immer wieder zu summen oder zu singen. Nervig. Und nichts scheint zu helfen.

Das Phänomen der musikalischen Ohrwürmer hat Wissenschaftler der verschiedensten Fachrichtungen seit Jahrhunderten beschäftigt, Sigmund Freud etwa nannte sie „unbewusste Artikulation unterbewusster Wünsche". Verschiedene Studien beschäftigen sich damit, welche Melodie geeignet ist für einen Ohrwurm, wie wichtig der Text ist, ob er sofort auftritt oder erst nach Tagen und natürlich warum er auftritt und wie man ihn wieder los wird.

Ein Ohrwurm soll besonders dann auftauchen, wenn unser Gehirn sich langweilt. Er wird durch eine Melodie ausgelöst, kann aber auch durch alles andere entfesselt werden, was wir sehen, auch durch Erinnerungen, Stimmungen oder Stress. Was tun, wenn Udo Jürgens oder die Beatles den Kopf nicht mehr verlassen wollen? Kaugummikauen soll helfen, ebenso dass man sich den gesamten Song anhört und ihn dadurch vertreibt. Statistisch gesehen verschwindet er aber rascher, wenn man sich ganz einfach nicht um ihn kümmert.

R. K.

> *„Man sieht oft etwas hundert Mal, tausend Mal,*
> *ehe man es zum allerersten Mal wirklich sieht."*
>
> (Christian Morgenstern)

Danksagung

Ein Buch zu schreiben, ist meist eine einsame Angelegenheit. In diesem Falle nicht, denn wir hatten das Glück, zu zweit zu sein, wenn auch an unterschiedlichen Orten. Die Zusammenarbeit war bereichernd, freundschaftlich, aufbauend, immer voller gegenseitiger Unterstützung und schreit nach einer Wiederholung.

Doch es waren viele weitere Menschen an diesem Buch beteiligt. Freunde, Bekannte und Verwandte WOLLTEN unbedingt einzelne Kapitel oder gar alles Korrektur lesen. Wir danken deshalb Dr. Ute Luise Dietz, Guido Greiner, Hiltrud Heberer, Wolfgang Heberer, Dipl.-Biol. Bettina Koppmann-Rumpf, Thomas Kaindl, Dr. Gudrun Kräbs, Lisa Rühl M. A. und Katharina Weil. Ute auch für den Titel „Unbekannte Mitbewohner".

Bei kniffeligen Detailfragen oder wenn wir wieder auf Faszinierendes gestoßen sind, das wir nicht glauben wollten, haben Fachleute uns immer freundlich weitergeholfen. Unser Dank gilt BADA-Diplom-Möbelrestauratorin Manuela Hiltner, Dipl.-Biol. Johannes Lang, Prof. Stefan Ruge, Prof. Dr. Thomas Scheibel, Dr. Karl-Heinz Schmidt und Mag. Dr. Klaus Zimmermann.

Verwendete Zitate

Kapitel Holzwurm am Ende: Wolfgang Franz (1612): „Animalium Historia Sacra"
In: Klausnitzer, Bernhard (2002): Wunderwelt der Käfer. Spektrum Akademischer
Verlag Heidelberg
Kapitel Spinne am Anfang: Brehms Tierleben Volksausgabe (1951), neu bearbeitet von
Wilhelm Bardorff, Safari Verlag Berlin
Danksagung: Christian Morgenstern (1918, posthum): Stufen. Eine Entwickelung in
Aphorismen und Tagebuchnotizen. Piper München

Bildnachweis

Register

Register